Das bietet Ihnen die CD-ROM

Rechner für Ihr Dienstleistungscontrolling

- ABC-Analyse
- Analyse der Lieferantenkalkulation
- Arbeitsablauf-Analyse
- Benchmarking
- Betriebsergebnisrechnung
- Gewinnschwellenanalyse
- Kalkulation von Preisen im Dienstleistungsbereich/im Handel/im Bewirtungsbereich
- Kennzahlen
- Kundenbewertung nach Wirtschaftlichkeit
- Kundenzufriedenheit
- Kurzfristige Erfolgsrechnung
- Risikoanalyse
- Stundensatzberechnung
- Unternehmensplanung im Dienstleistungsbetrieb

Checklisten

Mithilfe der Checklisten analysieren Sie die Qualität und die Schwachpunkte der Dienstleistungen in Ihrem Betrieb. Sie finden Checklisten zu den Themen Kosten senken, Kostencontrolling, Kundenzufriedenheit, Mitarbeitermotivation, Personalcontrolling, Personalentwicklung und Qualitätscontrolling.

Bibliographische Information Der Deutschen Bibliothek

Die Deutsche Bibliothek verzeichnet diese Publikation in der Deutschen Nationalbibliographie; detaillierte bibliographische Daten sind im Internet über http://dnb.ddb.de abrufbar.

ISBN 3-448-06029-1   Bestell-Nr. 01417-0001

© 2004 Rudolf Haufe Verlag GmbH & Co. KG
Niederlassung Planegg/München
Redaktionsanschrift: Postfach, 82142 Planegg
Hausanschrift: Fraunhoferstraße 5, 82152 Planegg
Telefon: (089) 895 17-0, Telefax: (089) 895 17-290
www.haufe.de
online@haufe.de
Lektorat: Dipl.-Kffr. Kathrin Menzel-Salpietro
Redaktion: Helmut Haunreiter, 84533 Marktl

Alle Rechte, auch die des auszugsweisen Nachdrucks, der fotomechanischen Wiedergabe (einschließlich Mikrokopie) sowie die Auswertung durch Datenbanken, vorbehalten.

Umschlaggestaltung: 102prozent design, Simone Kienle, 70199 Stuttgart
Druck: Bosch-Druck GmbH, 84030 Ergolding

Zur Herstellung dieses Buches wurde alterungsbeständiges Papier verwendet.

Dienstleistungscontrolling

Liquidität sichern, Effizienz steigern, Kosten senken

von
Prof. Dr. Anna Nagl
und
Dipl.-Kffr. Verena Rath

Haufe Mediengruppe
Freiburg · Berlin · München · Zürich

Inhaltsverzeichnis

Geleitworte	6
Vorwort	11
1 Jedes Unternehmen erbringt Dienstleistungen	**13**
1.1 Worauf bezieht sich das Dienstleistungscontrolling?	16
1.2 Was genau ist Dienstleistungscontrolling?	19
1.3 Wie beeinflussen Dienstleistungen den Unternehmenserfolg?	26
1.4 Was ist das Besondere am Dienstleistungscontrolling?	33
2 Dienstleistungscontrolling – ein wichtiger Erfolgsfaktor	**37**
2.1 Mit den richtigen Zielen den Unternehmenserfolg sichern	37
2.2 Die Ressourcen effizient einsetzen: Beyond Budgeting	41
2.3 Bewegt sich Ihr Unternehmen in der Gewinnzone?	43
2.4 Wie steht es um Ihre Liquidität?	48
2.5 Die Wirtschaftlichkeit steigern	50
2.6 Verschaffen Sie sich Wettbewerbsvorteile	51
3 Toolbox: Behalten Sie Ihre Kosten im Blick	**58**
3.1 Den besten Service für die besten Kunden: die ABC-Analyse	58
3.2 Was darf Ihre Dienstleistung kosten? Target Costing	61
3.3 Gemeinkosten richtig zuordnen: Prozesskostenrechnung	66
3.4 Mehr Effizenz im Bereich der Gemeinkosten: Gemeinkostenwertanalyse	73
3.5 Kostentreiber erkennen: Zero Base Budgeting	75
4 Toolbox: Die Unternehmensstrategie im Brennpunkt	**78**
4.1 Erkennen Sie die Stärken und Schwächen Ihres Unternehmens	78
4.2 Perspektiven formulieren und umsetzen: Balanced Scorecard	84
4.3 Vom „Klassenbesten" lernen: Benchmarking	88

Inhaltsverzeichnis

5 Toolbox: Dienstleistungen auf hohem Qualitätsniveau 94
5.1 Was ist Qualitätsmanagement? 97
5.2 Alles und jeder ist gefordert: Total Quality Management 100
5.3 Kundenwünsche umsetzen: Quality Function Deployment 103
5.4 Risiken minimieren: Fehlermöglichkeits- und Einflussanalyse 107
5.5 Finden Sie die Ursache eines Problems: Fishbone-Analyse 110
5.6 Fehler gibt's nicht! Six Sigma 111

6 Toolbox: Ihre Mitarbeiter in Höchstform bringen 117
6.1 Die Qualifikation der Mitarbeiter ausbauen: Personalentwicklung 120
6.2 Welche Anreize aktivieren und stabilisieren die Mitarbeitermotivation? 126
6.3 Mitarbeiterzufriedenheit führt zu Kundenzufriedenheit 128

7 Toolbox: Zufriedene Kunden steigern den Umsatz 131
7.1 Wie lässt sich die Dienstleistungsqualität messen? 135
7.2 Entspricht die Realität den Erwartungen der Kunden? SERVQUAL 136
7.3 Kunden binden: Kano Modell 141
7.4 Qualitätsmindernde Faktoren finden: GAP-Analyse 146
7.5 Nutzen Sie Ihre Ressourcen effektiv: Kundenwertanalyse 150
7.6 Wenn doch etwas schief geht: Beschwerdemanagement 154

Abbildungsverzeichnis 165

Literaturverzeichnis 166

Stichwortverzeichnis 169

Checklisten 173

Geleitwort

von Hans Hopf, Dipl.-Vw.,

Geschäftsführer des Landesinnungsverbandes des bayerischen Augenoptiker-Handwerks

Passende Zukunftsstrategien sind gerade in Krisenzeiten ein kostbares Gut – die aktuelle Veröffentlichung „Dienstleistungscontrolling" von Professorin Dr. Anna Nagl und Dipl.-Kffr. Verena Rath erscheint somit „just in time".

Dabei richten die Autorinnen ihren Blick auf einen strategisch wichtigen Kernbereich des Handwerks – die Dienstleistung, dessen betriebswirtschaftliche Bedeutung beschrieben und eingeordnet wird.

Gerade weil die Handwerksbetriebe in der betriebswirtschaftlichen Dimension mit einem erheblichen Modernisierungsdruck konfrontiert sind, weil der Wettbewerb sich weiter verschärft, bietet die Veröffentlichung den interessierten Lesern eine gute Handlungsanleitung bei der Gestaltung und Organisation dieses Handlungs- und Aufgabenfeldes. Denn die Handwerker müssen diesen Erneuerungs- und Entwicklungsprozess aus den eigenen Reihen heraus gestalten.

Hier setzt das Buch an: Auf der Basis klarer Definitionen erfolgt eine saubere und genaue Einordnung sowie Beschreibung der Ziele und Handlungsfelder. Abgerundet wird die Darstellung für den Leser durch Checklisten und Praxistipps, die die Übertragung der Erkenntnisse auf den eigenen Bereich erleichtern. Wir wünschen dem Buch uneingeschränkt einen hohen Verbreitungsgrad unter den Handwerkern und in der Öffentlichkeit.

Geleitwort

von Alexander Asbrock, Dipl.-Betriebswirt (FH)

Inhaber Hotel und Restaurant „Das Goldene Lamm", Aalen
Geschäftsführer Hotel „Am Rathaus", Oberkochen

Wo sich Menschen begegnen ist Faszination!

Weil eine Dienstleistung immer nur am bzw. mit Menschen erbracht werden kann, sind die Prozesse, die im Moment der Leistungserbringung erfolgen, so vielschichtig. Es fließen wirtschaftliche Motive, psychologische Aspekte und hoffentlich konvergierende Zielsetzungen in diese Beziehung ein.
Dienstleistungssituationen sind wegen des menschlichen Faktors also immer Unikate. Und genau hierin liegt der Reiz: Die direkte Rückkopplung, die Kommunikation auf mehreren Ebenen und das psychologische Wechselspiel eröffnen mannigfaltige Chancen, eine Kundenbeziehung aufzubauen, zu intensivieren oder langfristig zu gestalten. Das Unterlassen hingegen drängt den Anbieter langfristig aus dem Markt.
Bei aller Begeisterung für den Dienst am Menschen muss jedoch zur Kenntnis genommen werden, dass die Perfektionierung einer Dienstleistung auch Gefahren in sich birgt – das Wünschenswerte ist nicht immer das Wirtschaftliche und ein blindes Aufblähen aller Facetten des Serviceangebotes führt im Hochlohnland Deutschland schnell an wirtschaftlich kritische Grenzen.
Und genau hier setzen die Autorinnen im vorliegenden Werk an: Dem Leser werden neben betriebswirtschaftlichen „Basics" verschiedene Instrumente des Dienstleistungscontrollings vorgestellt, welche es ihm ermöglichen, den komplexen Dienstleistungsprozess optimierter zu managen und sich somit strategische und taktische Erfolgspositionen im Wettbewerb aufzubauen.

Geleitwort

Insgesamt eröffnet das Buch die Perspektive, psychologische, sozioökonomische und betriebswirtschaftliche Erkenntnisse in ein großes Ganzes zu gießen. Der Überblick über die verschiedenen „tools" führt zu besserem Verständnis des Gesamtzusammenhangs und verführt zum direkten Umsetzen des Gelesenen.

Gerade für klein- und mittelständische Betriebe leisten die Autorinnen mit ihrem Werk einen wertvollen Beitrag. Der Grundstein für das Beherrschen der erweiterten Controlling-Klaviatur mit dem Ziel der langfristigen Existenzsicherung ist gelegt. Jetzt hat es jeder Leser – im besten Sinne des Wortes – selbst in der Hand, erfolgreich zu sein.

Geleitwort

von Karsten Wulf

**Geschäftsführender Gesellschafter
der buw Unternehmensgruppe**

Die Jahre des stetigen und signifikanten Wachstums in der Dienstleistungsbranche in Deutschland sind vorbei. Seit Jahren bewegen sich in Deutschland die Umsätze in diesem Marktsegment kaum. Aufgrund der Konsolidierung des Marktes sowie einer Reduktion der operativen Rendite und den gestiegenen Anforderungen der Kreditinstitute haben die Herausforderungen an das Finanzwesen der Unternehmen und insbesondere an das Controlling zugenommen.

In einer Studie im Jahr 2003 hat die buw Unternehmensgruppe den Status quo im Finanzwesen bei Unternehmen aus dem Dienstleistungssegment erhoben und bewertet. Ein Ergebnis dieser Studie ist, dass mehr als 65 % aller befragten Unternehmen aktuell unzureichend im Bereich Controlling aufgestellt sind.

Der Einsatz zahlreicher, auf den individuellen Unternehmensbedarf abgestimmter Controllinginstrumente sowie strukturelle Rahmenbedingungen (Profit-Center) sind für eine zukunftsweisende Positionierung notwendig.

Hier liegen die zentralen Herausforderungen für eine erfolgreiche Steuerung eines Dienstleistungsunternehmens.

Mit ihrer Veröffentlichung „Dienstleistungscontrolling" geben die beiden Autorinnen einen fundierten Einblick in die betriebliche Relevanz des Controllings, zeigen theoretische Zusammenhänge auf und geben nützliche Tipps für die praktische Anwendung.

Ich wünsche den beiden Autorinnen eine weite Verbreitung dieses bedeutsamen Werkes und den Lesern eine anschauliche und hilfreiche Lektüre.

Geleitwort

von Olaf Schwan, Dipl.-Kfm.,

Chief Financial Officer, Secartis AG
Ein Unternehmen der Giesecke & Devrient Gruppe

Lösungen für sicheres E-Business sind immaterielle, oft forschungsintensive und technologisch komplexe Angebote mit einem hohen Dienstleistungsanteil. Dienstleistungen sind auch im Bereich technologiegetriebener Industrieunternehmen von zentraler Bedeutung, weil sie auf der Basis eines überlegenen Kundennutzens die Schaffung langfristiger Wettbewerbsvorsprünge ermöglichen. Der Kunde wünscht nicht lediglich eine vorgefertigte Softwarelösung, sondern ein auf seine Bedürfnisse zugeschnittenes, maßgeschneidertes Sicherheitsangebot. Kundenorientierte Dienstleistungen auf diesem Gebiet erstrecken sich über die komplette Bandbreite der betriebliche Wertschöpfung: von der Beratung, Konzeption und Implementierung bis hin zum Projektmanagement.

Vor dem Hintergrund zunehmenden Wettbewerbes und stetig wachsender Kundenansprüche gewinnt das Dienstleistungscontrolling an brachenübergreifender Notwendigkeit. Dienstleistungscontrolling muss dabei sowohl an kunden- und wettbewerbsbezogenen Aspekten als auch an den Mitarbeitern als den „Produzenten" herausragender Dienstleistungsqualität ansetzen. Daher besteht eine zentrale Führungsaufgabe eines jeden dienstleistungsorientierten Unternehmens in der Förderung der Motivation und Entwicklung seiner Mitarbeiter.

An diesen Bezugspunkten knüpft das Buch von Professorin Dr. Anna Nagl und Dipl.-Kffr. Verena Rath an. Es veranschaulicht die branchenübergreifende Bedeutung von Dienstleistungen sowie deren Entwicklung und Steuerung und erlaubt über leicht verständliche, praxisnahe Beispiele einen schnellen Einstieg in die Thematik und eine rasche Umsetzung im eigenen Unternehmen.

Vorwort

Der Trend ist bekannt: Dienstleistungen sind das Gebot der Stunde. Dies gilt nicht allein für Handel, Banken und Versicherungen, sondern auch für das Gewerbe und die Industrie. Das bedeutet: Auch die Unternehmen außerhalb der klassischen Dienstleistungsbranche müssen ihr Angebot um den Faktor Dienstleistung erweitern.
Branchenübergreifend haben Unternehmen erkannt, dass Dienstleistungen ein hervorragendes Instrument sind um individuelle Kundenbedürfnisse und -wünsche besser erfüllen zu können, langfristige Kundenbeziehungen aufzubauen und sich von der Konkurrenz positiv zu unterscheiden.
Wirksame Dienstleistungen verlangen Planung, Umsetzung und Kontrolle – und führen zu Wettbewerbsvorteilen. Den daraus resultierenden höheren Erträgen stehen Kosten gegenüber. Der vorliegende Leitfaden richtet sich an Entscheider, die für das Controlling von Dienstleistungen im Hinblick auf Effizienz, Kosten und Erträge verantwortlich sind.
Mit dem praxisbezogenen Instrumentarium in diesem Buch lassen sich sowohl die Kosten der Dienstleistungen als auch deren Erträge kontrollieren, steuern und entsprechend den Unternehmenszielen beeinflussen. Über die finanziellen Aspekte des Controllings hinaus werden hier auch die weichen Faktoren wie Kunden- und Mitarbeiterzufriedenheit, Qualitäts- und Beschwerdemanagement ausführlich dargestellt, da sie einen entscheidenden Beitrag dazu leisten, künftige Wettbewerbsvorteile zu erzielen.
Abschließend noch ein kurzer Hinweis zum Aufbau dieses Praxis-Ratgebers: Die für das Dienstleistungscontrolling relevanten Tools und Informationen sind nach Themenschwerpunkten geordnet. Dies erleichtert Ihnen zum einen die Orientierung. Zum anderen wurde aber auch an die Leser gedacht, die sich nur über bestimmte Aspekte des Dienstleistungscontrollings informieren möchten oder die einzelne Instrumente wieder „auffrischen" wollen.

Vorwort

Wir haben deshalb, wo es uns aus Gründen der Verständlichkeit notwendig erschien, allgemeine Kontexte wiederholt erläutert.

Wir möchten Ihnen, verehrter Leser, mit diesem Buch das Knowhow zur Gestaltung der Controllingaktivitäten auf dem Gebiet klassischer Dienstleistungen und im Servicebereich produzierender Unternehmen vermitteln.

Anna Nagl   Verena Rath

1 Jedes Unternehmen erbringt Dienstleistungen

Die vergangenen Jahrzehnte haben einen Wandel von einer ausschließlich industriell geprägten Unternehmenswelt hin zu einer Dienstleistungs- und Servicegesellschaft erlebt. Moderne Volkswirtschaften entwickeln sich vom primären Sektor, der im Rahmen seiner landwirtschaftlichen Tätigkeit für die Erzeugung lebensnotwendiger Güter sorgt, über den sekundären Sektor der industriellen Produktion hin zum tertiären Sektor der geistigen, künstlerischen und dem Nächsten „dienenden" Berufe.

Vielfach wird immer noch in den Kategorien „Handwerk", „Industrie" und „Dienstleistung" gedacht. Diese Denkweise ist jedoch einem modernen Dienstleistungsverständnis nicht mehr angemessen. Würde der Dienstleistungsbereich auf einzelne Berufsgruppen wie Friseure, Lehrer, Ärzte, Steuer- und Unternehmensberater oder Transportdienstleister und Hoteliers reduziert, könnte sich z. B. ein Schreiner unter dem Vorwand der handwerklichen Produktion aus seiner Dienstleistungsverantwortung stehlen: „Ich fertige Schränke, Tische und Stühle, folglich bin ich kein Dienstleistungsunternehmer."

Ein modernes Dienstleistungsverständnis trägt dagegen der Tatsache Rechnung, dass auch traditionelle Handwerks- und Industrieunternehmen im Rahmen der Kundenorientierung und Kundenbindung vermehrt auf Dienstleistungen und produktbegleitenden Service setzen.

Die eigentlichen Produktleistungen gewinnen zunehmend an handwerklicher und technologischer Perfektion und unterscheiden sich kaum noch vom Angebot der Konkurrenz. In ihrem Grundnutzen perfekte Produkte – die nicht vorrangig über den Preis verkauft werden sollen – lassen sich nur durch ein auf die Informations- und Serviceansprüche der Kunden gerichtetes Zusatzprogramm gegenüber der Konkurrenz profilieren. Vor dem Kauf vergrößert deshalb

1 Jedes Unternehmen erbringt Dienstleistungen

eine gelungene Beratung die Kaufwahrscheinlichkeit und nach dem Verkauf verbessert ein guter Kundendienst die Zufriedenheit des Kunden und erhöht die Wiederkaufswahrscheinlichkeit.[1]

Aus einer einfachen Handwerksleistung wird so ein komplettes Leistungssystem, dessen Bestandteile jeweils für sich einer ständigen Verbesserung unterliegen müssen. Deshalb stellt ein Schreiner nicht lediglich Schränke, Tische und Stühle her, sondern er liefert ein kundenindividuelles Leistungsprogramm.

Dazu gehört neben der Herstellung der Möbel eben auch eine weit reichende Beratung, die sich von der innenarchitektonischen Planung, über das verwendete Material, z. B. die Allergieverträglichkeit bestimmter Leime, bis hin zur Pflege und Instandhaltung der verkauften Produkte erstreckt.

Aufgrund solcher kundennaher Dienstleistungen verwandeln sich klassische Handwerks- und Industrieunternehmen zunehmend in Dienstleistungsbetriebe und reichern ihr Angebot durch Zusatzleistungen an, die nach traditionellem Verständnis im Bereich des tertiären Sektors angesiedelt wurden.

Neben diesen unmittelbar auf den Absatzmarkt gerichteten Dienstleistungen spielen im Rahmen eines Dienstleistungscontrollings auch die unternehmensintern erbrachten Dienstleistungen eine große Rolle. Denken Sie an Aufgaben der Logistik, des Personalmanagements oder der Softwareverwaltung. Letztlich betreffen auch diese unterstützenden Aktivitäten den Kunden und stehen innerhalb des Controllings im Sinne eines Total Quality Managements zur Diskussion.

Thema des vorliegenden Buches werden deshalb nicht nur Dienstleistungen sein, die von klassischen Dienstleistern erbracht werden, sondern auch alle absatzmarktgerichteten und internen Services von Unternehmen, die nicht direkt dem tertiären Sektor zuzurechnen sind.

Im deutschen Sprachraum wird vielfach nur dann von Dienstleistungen gesprochen, wenn der Leistungsempfänger im Gegenzug einen Preis entrichtet. Erfolgt die Leistung kostenlos, spricht man

---

[1] Vgl. Schmalen, H. (2002), S. 535.

von Service. Diese Unterscheidung ist aus verschiedenen Gründen nicht zweckmäßig:
Welche Zusatzleistungen kostenfrei – also als Service – angeboten werden und welche Leistungen in Form von Dienstleistungen in Rechnung gestellt werden ist nicht nur branchenabhängig, sondern kann sogar von Unternehmen zu Unternehmen variieren. Die eindeutige Zuordnung einer bestimmten Leistung in den Bereich der Dienstleistung bzw. des Services ist folglich nicht allgemeingültig möglich.
Außerdem machen Dienstleistungen gerade auch in Unternehmen des sekundären Sektors einen immer größeren Umsatzanteil aus. Kunden wünschen kein „nacktes" Produkt, sondern eine individuelle Problemlösung, für die sie durchaus bereit sind zu bezahlen. Es darf nicht vergessen werden, dass es in vielen Fällen Dienstleistungen sind, die ein Angebot zu einer solchen kundenspezifischen Lösung machen.
Schlussendlich birgt eine solche Unterscheidung die Gefahr den Dienstleistungsbereich auf einzelne Berufsgruppen zu reduzieren. Deshalb wird im Sinne eines umfassenden Dienstleistungscontrollings in diesem Ratgeber – in Anlehnung an den angloamerikanischen Sprachgebrauch – nicht zwischen Dienstleistung und Service unterschieden. Beides wird als gleichwertig betrachtet.

> **Jedes Unternehmen erbringt Dienstleistungen**
> Da Produkte immer mehr an handwerklicher und technologischer Perfektion gewinnen und sich damit in ihrem Grundnutzen immer ähnlicher werden, ist eine Angebotsprofilierung oftmals nur noch über Dienstleistungen möglich. Deshalb erbringen nicht nur institutionelle Dienstleistungsunternehmen wie z. B. Friseure, Fluggesellschaften oder Rechtsanwälte Dienstleistungen, sondern auch Unternehmen, die eigentlich dem sekundären Sektor zuzurechnen sind. Somit wandeln sich also klassische Industrieunternehmen und Handwerksbetriebe zu Dienstleistungsbetrieben und bedürfen im Rahmen dessen eines Dienstleistungscontrollings.

In den folgenden Kapiteln wird Ihnen immer wieder die „Schreinerei Holzinger" beggnen. Weil der Dienstleistungsbereich inzwischen so entscheidend in die produzierenden und handwerklichen

1 Jedes Unternehmen erbringt Dienstleistungen

Betriebe hineinwirkt, wurde für viele Beispiele bewusst ein „klassischer" Handwerksbetrieb gewählt – eben eine Schreinerei.

1.1 Worauf bezieht sich das Dienstleistungscontrolling?

Welche auf den Markt gerichteten bzw. unternehmensinternen Prozesse sind Gegenstand eines Dienstleistungscontrollings?

Was ist eine Dienstleistung?

Lassen Sie uns zunächst die wesentlichen Attribute klären, durch die sich eine immaterielle Dienstleistung von Sachleistungen bzw. materiellen Produkten unterscheidet[2]:

Menschliche Leistungsfähigkeit

Ob und in welcher Qualität eine Dienstleistung erstellt wird, hängt wesentlich von der Leistungsfähigkeit und der Leistungsbereitschaft des Anbieters ab. Keine Dienstleistung lässt sich ohne spezifische Leistungsfähigkeiten wie Know-how oder bestimmte körperliche Fertigkeiten erbringen. Grundsätzlich können diese Leistungspotenziale sowohl von Menschen als auch von Automaten zur Verfügung gestellt werden. Man unterscheidet dann zwischen menschlicher oder automatisierter Leistungsfähigkeit.

Während eine Unternehmensberatung beispielsweise Potenzial und Ressourcen in Form geistiger Leistung eines Beraters anbietet, würde man im Zusammenhang mit einer Autowaschanlage oder einem Geldautomaten von automatisierter Leistungsfähigkeit sprechen.

Bei persönlich erbrachten Dienstleistungen dominiert folglich die menschliche Leistungsfähigkeit. Dabei können zwar Maschinen zum Einsatz kommen, z. B. ein Zug, aber der Mensch spielt immer noch eine wichtige Rolle, z. B. als Lokführer. Eine Maschine alleine kann nur eine automatisierte, nicht aber eine persönliche Dienstleistung

---

[2] Zum Folgenden vgl. auch Meffert, H./Bruhn, M. (2000), S. 51 ff. sowie Meyer, A. (1998), S. 17 ff.

erbringen. Eine automatisierte Dienstleistung kann vom Wettbewerb meist kopiert werden, wohingegen eine persönlich erbrachte Dienstleistung aufgrund der Individualität für den Kunden durchaus einzigartig sein kann.

Die Abhängigkeit des Leistungsergebnisses von der Fähigkeit der Person kann aus Sicht des Konsumenten aber auch zu einer gewissen Unsicherheit führen: Bevor er die Leistung in Anspruch nimmt, weiß der Kunde nicht, ob der Anbieter auch über die nötigen Qualifikationen verfügt um die Dienstleistungen optimal zu erbringen. Dem kann das Unternehmen entgegenwirken, indem es z. B. seine technische oder räumliche Ausstattung kommunikativ herausstellt und dem Nachfrager so seine Kompetenzen signalisiert.

Immaterialität

Weil die Dienstleistung auf Leistungsfähigkeiten beruht, die beim Kunden eine bestimmte Wirkung erzielen sollen, handelt es sich um ein immaterielles, physisch nicht greifbares Gut. Dies bewirkt, dass Sie eine Dienstleistung im Unterschied zur Sachleistung oder zu einem Produkt weder lagern noch transportieren können. Vielmehr finden Erstellung und Konsum der Dienstleistung sowohl zeitlich als auch örtlich synchron statt: Uno-actu-Prinzip.

So ist es z. B. unmöglich, die an einem Konzertabend übrig gebliebenen Tickets anderweitig abzusetzen, die Aufführung kann nur zum Zeitpunkt der Dienstleistungserbringung, d. h. an dem betreffenden Abend, besucht werden. Hinsichtlich der ungenutzten Kapazität hat der Veranstalter einen Verlust zu beklagen.

Da Dienstleistungen nicht gelagert werden können, ist vom Dienstleister eine möglichst enge Koordination von Kapazität und Nachfrage anzustreben und er sollte flexibel auf kurzfristige Nachfrageänderungen reagieren können. Was bedeutet dies nun für die tägliche Praxis?

> **Beispiel:**
> Stellen Sie sich ein Hotel an der italienischen Adriaküste vor: Für gewöhnlich wird dieses Hotel in den Sommermonaten einen wahren Touristenstrom erleben, während es in der Vor- und Nachsaison nicht ausgelastet ist.

In den Zeiten der Überbeanspruchung der personellen Kapazitäten wird sich der Hotelier aller Wahrscheinlichkeit nach entschließen zusätzliche Teilzeitkräfte zu rekrutieren. Dagegen wird er die Vor- und Nachsaison mit einer kleineren Mannschaft bestreiten. Über preispolitische Maßnahmen könnte er darüber hinaus versuchen kurzfristigen Einfluss auf die Nachfrage zu nehmen, z. B. in Form von preisgünstigen Wochenendangeboten in der Nebensaison und höheren Preisen in der Hauptsaison.

Hinzu kommt, dass die Dienstleistung in diesem Fall nicht nur gleichzeitig geleistet und konsumiert wird, sondern auch nur dort konsumiert werden kann, wo sie erbracht wird. Anbieter und Nachfrager treffen zu diesem Zweck also örtlich aufeinander. Geschieht dies beim Anbieter selbst, kommt einem angenehmen Dienstleistungsumfeld in Form ansprechender Räumlichkeiten eine hohe Bedeutung im Hinblick auf die Qualitätsbeurteilung durch den Kunden zu.

Integration eines externen Faktors

Da eine Dienstleistung Veränderungen an bestehenden Menschen oder Objekten bewirkt, erfordert die Leistungserstellung, dass der Kunde selbst oder ein ihm gehörendes Objekt einbezogen wird. Im Gegensatz zu einem Sachgut ist für die Erbringung einer Dienstleistung die Integrationsbereitschaft oder die Mitwirkung des Nachfragers erforderlich.
So ist z. B. ein Friseur auf die Bereitschaft des Kunden, sich seine Haare schneiden zu lassen, und ein Arzt auf den Willen des Patienten, sich behandeln zu lassen, angewiesen. Über diese bloße Integrationsbereitschaft hinaus wirkt der Kunde häufig auch am Erstellungsprozess selbst mit, er wird in den Entscheidungsprozess des Herstellers aktiv eingebunden.
Für die Fertigung eines individuellen Möbelstückes durch den Ihnen inzwischen bekannten Schreiner, hat ihm der Kunde die Maße seiner Wohnung mitzuteilen. Da nun der Kunde selbst als Fremdfaktor auf den Leistungserstellungsprozess einwirkt, nimmt er Einfluss auf das Ergebnis. Die Qualität der Dienstleistung hängt folglich auch vom Kunden selbst ab.
Der Konsument wird damit zum „Prosumer", der die Rolle des Konsumenten und des Produzenten einnimmt. Dieser Problematik

gilt es vor allem im Rahmen des Qualitäts- und Beschwerdemanagements in geeigneter Weise zu begegnen. So wird sich der Kunde eines Friseurs sicherlich in den seltensten Fällen für ein schlechtes Ergebnis verantwortlich fühlen, selbst wenn er durch die Bewegungen seines Kopfes entscheidend zum „schiefen" Ergebnis des Haarschnittes beigetragen hat.

Die folgende Übersicht fasst zusammen, was eine Dienstleistung kennzeichnet:

Übersicht: Was kennzeichnet eine Dienstleistung?

Die Merkmale einer Dienstleistung in Stichpunkten

- Menschliche Leistungsfähigkeit und -bereitschaft
- Immaterialität
- Zusammenspiel von Dienstleistungserbringer und Kunde

Was ist das Besondere an Dienstleistungen?

- Dienstleistungen haben im Gegensatz zu Produkten immateriellen Charakter. Sie werden an einem betriebsexternen Faktor erbracht.
- Bei dem externen Faktor handelt es sich entweder um den Kunden oder um einen Gegenstand, der sich im Besitz des Kunden befindet. Ohne Anwesenheit, eventuell auch Mitarbeit des Kunden ist es nicht möglich eine Dienstleistung zu erbringen. Seitens des Dienstleisters muss Leistungsfähigkeit und -bereitschaft vorhanden sein.
- Den größten Einfluss auf die Qualität einer Dienstleistung hat der Mensch. Der Mensch ist sowohl auf der Seite des Dienstleistungserbringers als auch auf der Seite des Nachfragers bzw. des externen Faktors für die Dienstleistungsqualität verantwortlich. Die Wünsche und Erwartungen an eine Dienstleistung sind außerdem sehr unterschiedlich, weshalb die Qualitätsbeurteilung durch den Nachfrager sehr subjektiv ausfallen wird.
- Eine Dienstleistung ist daher eine individuelle, personalintensive und schwer standardisierbare Leistung.

1.2 Was genau ist Dienstleistungscontrolling?

Vielleicht erscheint das folgende Kapitel denjenigen Lesern, die schon länger mit Controlling zu tun haben – vor allem den „altgedienten"

Controllern – überflüssig, zumal es zunächst unerheblich ist, ob es um das Controlling eines Industrie- oder eines Dienstleistungsunternehmens geht: „Ich weiß doch, was Controlling ist". Spätestens aber dann, wenn es darum geht die einzelnen Controllinginstrumente anzuwenden, erwachsen aus den soeben erläuterten spezifischen Dienstleistungsmerkmalen besondere Herausforderungen.

Controlling heißt nicht „kontrollieren"

Gerade unter Entscheidungsträgern in kleinen und mittleren Unternehmen herrscht vielfach Unsicherheit hinsichtlich der korrekten Verwendung des Begriffes „Controlling". Häufig wird „Controlling" nach wie vor fälschlicherweise mit „Kontrolle" übersetzt. Hinter dem angelsächsischen Ausdruck „to control" verbirgt sich jedoch vielmehr das „Lenken" und „Steuern" unternehmerischer Entscheidungen und Aktivitäten.

Ein Controller ist also in erster Linie nicht mit der Aufgabe des Kontrollierens beschäftigt, sondern er hat eine Informations-, Planungs- und Steuerungsfunktion inne und soll die Unternehmensführung durch betriebswirtschaftlichen Service im Sinne einer zielorientierten Planung und Steuerung unterstützen.

> **Controlling ist ...**
> ... ein Steuerungssystem, das die Unternehmensspitze entlastet und aufgrund seiner Aktivitäten über alle Teilbereiche des Unternehmens hinweg für eine transparente Entscheidungsfindung sorgt.

Vereinfacht gesagt steht im Mittelpunkt der Aufgabe des Controllers, eine Antwort auf folgende zentrale Frage zu finden: „Wie führe ich ein Unternehmen erfolgreich?" Man kann somit Controlling als Instrument zur rationalen, d. h. überlegten und vorausschauenden Unternehmensführung verstehen.[3]

Da gerade auch kleine und mittlere Unternehmen verstärkt der Dynamik moderner Märkte sowie dem Druck des zunehmenden Verdrängungswettbewerbes ausgesetzt sind, ist die rationale Füh-

---

[3] Vgl. Schäffer, U./Weber J. (2002), S. 6.

rung eines Unternehmens der intuitiven Führung – der Führung „aus dem Bauch heraus" – vorzuziehen.

Controlling soll Ihre kaufmännischen Entscheidungen also nicht erschweren, sondern komplexe Sachverhalte so strukturieren, dass Sie sich unter Berücksichtigung der individuellen Ziele und Präferenzen des Unternehmens sowie der diese Ziele beeinflussenden Umweltzustände für die wirtschaftlich sinnvollste Handlungsalternative entscheiden. Controlling soll auf der Basis einer rationalen und strukturierten Entscheidungsfindung helfen, unternehmerisches Risiko zu verringern und Misserfolge, die möglicherweise existenzgefährdend sind, zu vermeiden.

> **Controlling bedeutet rationale Unternehmensführung**
> Controlling erschwert nicht das Tagesgeschäft, sondern es lenkt Entscheidungen in sichere Bahnen. Controllinginstrumente dienen dazu, die Wahrscheinlichkeit von Fehlentscheidungen zu verringern.

Die Grundfunktionen des Controllings

Das Controlling von Dienstleistungen hat im Wesentlichen vier Grundfunktionen zu erfüllen:[4]
- Ermittlungs- und Dokumentationsfunktion: Informationsgewinnung und Berichtswesen
- Planungs-, Prognose- und Beratungsfunktion: Kurs- und Zielvorgabe
- Vorgabe- und Steuerungsfunktion: regelmäßige Soll-/Ist-Vergleiche
- Kontrollfunktion: Kontrolle

Die Ermittlungs- und Dokumentationsfunktion

Die erste Funktion ist die Ermittlungs- und Dokumentationsfunktion. Es sind die erforderlichen Daten des Rechnungswesens, der Kontrolleinheiten (Kostenstellen), der Kostenrechnung und ggf. der notwendigen Sonderermittlungen zu erfassen und in einem verarbeitbaren Format zu speichern. Diese Funktion erfüllt das Control-

---

[4] Vgl. o. V. (2002): Haufe Controlling Office.

ling in enger Zusammenarbeit mit den Kostenstellenverantwortlichen und mit dem betrieblichen Rechnungswesen.

Weil eine solche Aufgabe nach einem bestimmten Maß an Mehrarbeit in den Leistungseinheiten verlangt, wird es bereits an dieser Stelle nötig Überzeugungsarbeit zu leisten. Dabei sollten Sie vor allem die Vorteile, die sich aus effizienteren Steuerungsmöglichkeiten der jeweiligen Bereiche ergeben, in den Vordergrund stellen, denn alle Menschen sind eher bereit etwas zu leisten, wenn sich daraus Vorteile für sie selbst ergeben.

Die Planungs-, Prognose- und Beratungsfunktion

Die zweite Funktion ist die Planungs-, Prognose- und Beratungsfunktion. Dazu gehört – auf Basis der Zielfestlegung durch die Unternehmensleitung – den erfolgswirtschaftlich orientierten Gesamtplan aufzustellen. Zur Zielfestlegung trägt das Controlling insofern bei, als es die Unternehmensführung dabei unterstützt realisierbare und anspornende Ziele zu entwerfen. In diesen Zusammenhang gehört auch die Koordination verschiedener Teilpläne durch das Controlling.

Um die Planungsfunktion wirksam wahrnehmen zu können müssen die betrieblichen Möglichkeiten und die Umwelt mit ihren Einflüssen auf das Unternehmen bzw. die Wirkungen des Unternehmens auf ihre Umwelt fortlaufend beobachtet werden. Daraus ergeben sich Hinweise auf kurz- und langfristige Trends. Im Rahmen der Planung stehen Fragen der Engpassorientierung, der Zukunftsorientierung und der Vorkopplung – feed-forward – im Vordergrund.

Die Vorgabe- und Steuerungsfunktion

Die dritte Funktion ist die Vorgabe- und Steuerungsfunktion. Dabei ist die Zielfindung nicht länger als starrer Vorgang zu begreifen, sondern als laufender Prozess, der permanenter Beobachtung durch das Controlling bedarf. Während des Leistungserstellungsprozesses sorgen Soll-/Ist-Vergleiche dafür Abweichungen zu erkennen und geben die Möglichkeit, Gegensteuerungsmaßnahmen einzuleiten. Dabei sind die Ergebnisse von Abweichungs- und Ursachenanalysen zu berücksichtigen.

Wegen ihrer umfassenden Kenntnis des Betriebes und seiner Umweltbedingungen sind Controller als Innovationsmotor des Unternehmens zu betrachten, die stets aufgefordert sind, Impulse an die einzelnen Funktionsträger zu geben. Sie sind für die enge Abstimmung von Plan- und Ist-Verläufen verantwortlich, berücksichtigen die Entwicklungen in der Unternehmensumwelt und unterstützen so dauernd den Prozess der Entscheidungsfindung.

Controller sorgen für die lückenlose, laufende Berichterstattung an die Geschäftsleitung und an die jeweiligen Entscheidungsträger in den Kontrolleinheiten. Die präsentierten Analysen basieren auf objektiven oder zumindest weitgehend objektivierten Daten. Die sich daraus ergebenden Informationen helfen, Entscheidungen sicherer und effizienter zu machen. Sie ersetzen allerdings nicht die Entscheidung durch die Entscheidungsträger.

Die Kontrollfunktionen

Den vierten und letzten Funktionsbereich bilden die Kontrollfunktionen. Jede Tätigkeit in einem Unternehmen bedarf der Kontrolle. Sie dient einerseits der Sicherstellung der Ergebnisse und andererseits der Motivation der Mitarbeiter. Bezogen auf die Planung bedeutet Kontrolle vor allem Planungskontrolle, das heißt das Erstellen von Teilplänen und deren Überprüfung auf Übereinstimmung untereinander und mit dem unternehmerischen Gesamtplan. Realisierbarkeit und formale Richtigkeit der Pläne stehen dabei im Vordergrund.

Checkliste: Stellen Sie Ihr Controlling auf den Prüfstand!	
	ja/nein
Liefert Ihr Controlling objektivierte Informationen über Kosten und Erträge der angebotenen Dienstleistungen?	
Unterstützt Ihr Controlling die Unternehmensplanung insbesondere auch im Hinblick auf das Dienstleistungsangebot?	
Werden in Ihrem Controlling die Unternehmensziele und -vorgaben formuliert?	
Kontrolliert Ihr Controlling die Zielerreichung und werden durch das Controlling Abweichungen insbesondere auch bei den Kosten und Erträgen für Dienstleistungen aufgedeckt?	

1 Jedes Unternehmen erbringt Dienstleistungen

Indem Controller Ergebnis-, Finanz-, Prozess- und Strategietransparenz gewährleisten, tragen sie zu einer wirtschaftlichen Leistungserstellung bei und damit auch dazu, dass die kurz- und langfristigen Unternehmensziele erreicht werden. Controller sorgen für die Koordination von Teilzielen und Teilplänen und organisieren zu diesem Zweck ein unternehmensweites Berichtswesen. Um die Wirtschaftlichkeit sicherzustellen übernehmen Controller die Daten- und Informationsversorgung des Managements. Zusammengefasst bedeutet dies, dass ein Controller die Funktion eines unternehmensinternen, betriebswirtschaftlichen Beraters bekleidet.

Controlling von Dienstleistungen

Aus den spezifischen Merkmalen von Dienstleistungen ergeben sich – vor allem dann, wenn es um die Anwendung einzelner Controllinginstrumente geht – Besonderheiten.

Voraussetzung eines effektiven Dienstleistungscontrollings

Das Controlling erhebt in den meisten Fällen keine neuen Informationen, sondern wertet bestehende aus und interpretiert diese in Kombination mit weiteren Informationen. Es greift also auf Daten zu, die in der Buchhaltung und in der Kostenrechnung des Unternehmens ohnehin vorhanden sind. Aus diesen Bereichen entnimmt der Controller eine Vielzahl von Einzelinformationen zur Weiterverarbeitung.

So liefert die Buchhaltung unter anderem Daten über:
- Erlöse
- Erlösschmälerungen
- Sondereinzelkosten des Vertriebes
- Liquiditätsstände
- Verbindlichkeiten
- Forderungsbestände
- usw.

Diese Primärdaten gehen im Rahmen der Controllingaktivitäten in Kennzahlenbetrachtungen ein. Bei der Verbuchung der Kosten und Erlöse sollten Controllingaspekte berücksichtigt werden. So sollten z. B. Beratungs- oder Reklamationskosten erfasst werden. Auf Basis

Was genau ist Dienstleistungscontrolling?

derartiger Daten lassen sich Erkenntnisse über Bedeutung und Kosten bestimmter Dienstleistungen gewinnen. Auch statistische Daten sind für das Controlling relevant, wie z. B.:
- Bestelltermine
- Liefertermine
- Durchlaufzeiten
- Überstunden
- usw.

Der wichtigste Lieferant von Daten für das Dienstleistungscontrolling ist die Kostenrechnung des Unternehmens. Ihre entscheidungsorientierte Gestaltung und Ausrichtung auf die Informationsbedürfnisse des Controllings ist von besonderer Bedeutung. Vor allem bei mittelständischen Unternehmen liegt hier die erste Hürde um ein effizientes Dienstleistungscontrolling zu implementieren.

Dienstleistungen verursachen Kosten und Erträge

Im Rahmen dieses Buches wird das Controlling von Dienstleistungen zunächst aus dem Blickwinkel der Kosten und anschließend aus der Perspektive der Erträge betrachtet. Aus der Kostensicht geht es beim Controlling darum ein Unternehmen nach ordentlichen kaufmännischen Grundsätzen zu führen.

So sind die wesentlichen kaufmännischen Ziele eines jeden Unternehmens hohe Überschüsse zu erzielen, die Liquidität zu sichern und die Wirtschaftlichkeit und Rentabilität zu steigern. In diesem Zusammenhang hat der Controller vorwiegend Aufgaben aus dem Bereich der internen Unternehmensrechnung wahrzunehmen.

Aus der Ertragssicht sind in erster Linie Aspekte der Kunden- und Marktorientierung zu betrachten. Die Forderung, marktorientierte Ziele zu erreichen, soll Ihrem Unternehmen langfristige Wettbewerbsvorteile gegenüber Ihren wichtigsten Konkurrenten einräumen und so den künftigen Unternehmenserfolg sicherstellen.

> **Managen Sie Kosten und Erträge von Dienstleistungen!**
> Dienstleistungen lassen sich in den Griff bekommen, wenn man sich darüber bewusst wird, dass sie einerseits zusätzliche Kosten verursachen, andererseits aber auch zu Erträgen führen können. Den Kosten eines Kundenserviceprogramms sollten Erträge aus Unternehmenssicht

1 Jedes Unternehmen erbringt Dienstleistungen

> entgegenstehen, sonst wäre ein Verzicht auf diese Serviceleistungen wirtschaftlicher. Unter Ertragsgesichtspunkten geht es vorwiegend um die Sicherung künftigen Unternehmenserfolges: Es sollen langfristige Wettbewerbsvorteile auf der Basis von Dienstleistungen geschaffen werden.

Sowohl auf operativer als auch strategischer Ebene ist es damit von entscheidender Bedeutung ein klares Zielsystem auszuarbeiten. In diesem wesentlichen Punkt, nämlich die für alle beteiligten Mitarbeiter anzustrebenden Ziele unmissverständlich zu formulieren, unterscheidet sich die rationale Führung eines Unternehmens von der intuitiven Führung.

Die Planung konkreter Ziele und deren Verfolgung – unter Berücksichtigung gegebener Umweltzustände wie Konkurrenzverhalten oder Konjunktureinflüsse – ist ein wesentlicher Schritt hin zu einer strukturierten Unternehmensführung.

Lassen Sie uns deshalb in diesem Buch gemeinsam eine Antwort auf die folgende zentrale Frage finden: „Wie managt man Dienstleistungen so, dass sie helfen die unternehmerischen Ziele zu erreichen und damit einen Beitrag zum kurz- und langfristigen Erfolg des Unternehmens leisten?"

1.3 Wie beeinflussen Dienstleistungen den Unternehmenserfolg?

Dienstleistungen verursachen Kosten, führen zu Erträgen, haben eine Wirkung auf die Kundenzufriedenheit – kurz: Sie beeinflussen Faktoren, die zum Erfolg oder Misserfolg eines Unternehmens beitragen.

Die Dienstleistungskosten

Insbesondere in Industrieunternehmen sind die Kosten, die Dienstleistungen verursachen, oft nicht transparent und daher auch nicht bekannt. Dienstleistungen werden von produzierenden Unternehmen vorrangig in den indirekten Bereichen, z. B. im Vertriebs- oder Personalbereich, erbracht. Die Kosten vieler indirekter Bereiche werden meist undifferenziert als Gemeinkosten verrechnet. In diesen Gemeinkostenbereichen sind Dienstleistungen häufig nicht als Kostenträger angelegt und so können die entsprechenden Kosten nicht auf die jeweilige Dienstleistung, z. B. Garantie- oder Wartungsleistungen, verbucht werden. Ebenso wenig werden Arbeitszeiten, die für Dienstleistungen aufgewendet werden, verursachungsgerecht erfasst.

Damit können Unternehmen oftmals nur erahnen, welche Kosten die erbrachten Dienstleistungen tatsächlich verursachen.

Auch wenn sie dem Kunden gar nicht oder nicht in voller Höhe in Rechnung gestellt werden, ist es wichtig die durch die Dienstleistungserstellung verursachten Kosten zu kennen. Informationen über diese Kosten sind wesentliche Voraussetzung für eine fundierte Preispolitik.

> **Sie sollten bedenken:**
> Die Fähigkeit, individuelle Dienstleistungen kostengünstig anzubieten, kann zum entscheidenden Wettbewerbsfaktor werden!

Eine Verbesserung der Kostensituation kann in vielen Fällen aber nur dann erreicht werden, wenn bekannt ist, welche Kosten in welcher Phase der Dienstleistungserstellung anfallen. Erst damit wird es möglich, Maßnahmen zur Effizienzsteigerung einzuleiten.

Die Dienstleistungserträge

Insbesondere bei Dienstleistungen ist es notwendig, permanent den Leistungstand und die erbrachte Qualität zu hinterfragen, da ein direktes, objektivierbares Prüfverfahren – wie bei einem gefertigten Produkt – nicht auf Dienstleistungen übertragbar ist. Es gibt aber Kriterien, welche die Qualität einer Dienstleistung transparent machen.

Welche Kriterien sind das? Um diese Frage beantworten zu können sollten Sie zunächst dienstleistende Unternehmen genauer betrachten.

1 Jedes Unternehmen erbringt Dienstleistungen

Solche Unternehmen sind z. B.:
- Verkehrssysteme: Bus, Bahn etc.
- Medizinische Einrichtungen: Krankenhäuser, Rehabilitationszentren etc.
- Banken, Versicherungen
- Soziale Einrichtungen: Pflegeheime, Stiftungen etc.
- Tourismusbranche
- Gaststätten- und Hotelgewerbe

Betrachten Sie das Leistungsprogramm der oben angeführten Branchen, stellen Sie eine wesentliche Gemeinsamkeit fest: Die unternehmerische Leistung all dieser Organisationen besteht darin einen Dienst am Kunden zu erbringen.

Bereits aus der Wortzusammensetzung
- Dienst und
- Leistung

lässt sich auf den Kern der Tätigkeit schließen.

Dienst heißt Dienst am Kunden, Leistung heißt sämtliche Tätigkeiten zu erbringen um die Kundenforderungen zu erfüllen.

Durch den Dienst am Kunden
- soll eine langfristige und intensive Kundenbindung erreicht werden, die den Kunden und das Unternehmen zu einer sich perfekt ergänzenden Einheit werden lassen, von der beide Seiten profitieren,
- sollen neue Kunden gewonnen werden, was nur durch ein überzeugendes Konzept mit darauf abgestimmten Maßnahmen möglich ist,
- wird eine permanente Kundenpflege betrieben, die nicht nur Neu- und Stammkunden, sondern auch abgewanderte Kunden mit einschließt,
- sollen Up- und Cross-Selling-Potenziale erschlossen werden.

Was haben Dienstleistungen mit „Erträgen" zu tun? Dienstleistungen beinhalten das Potenzial attraktiver finanzieller Rückflüsse für das Unternehmen, weshalb in diesem Buch auch von Dienstleistungserträgen gesprochen wird.

Wie beeinflussen Dienstleistungen den Unternehmenserfolg? 1

Um die Leistung eines Unternehmens zu beschreiben, sollte sie in eine materielle und eine immaterielle Komponente zerlegt werden. Die materielle Komponente besteht aus der Bereitstellung des Produktes, der Zuverlässigkeit, der Funktionalität, der Lebensdauer, der Sortimentsbreite und -tiefe etc., während in der immateriellen Komponente Kriterien verankert sind, die nicht gerätetechnisch messbar und damit Kriterien der Dienstleistung sind:

- Mitarbeiterqualifikation
- Kompetenz der Mitarbeiter
- Freundlichkeit/Höflichkeit
- Glaubwürdigkeit der Kundenberatung
- Kommunikation
- Lieferung
- Reparatur
- Montage
- Erreichbarkeit
- Auftragsabwicklung
- Kulanzverhalten
- Zusatzleistungen: Service, Garantiedauer etc.
- gesamtes Auftreten des Unternehmens

Dienstleistung ist demnach vor allem durch den Einsatz „weicher" Faktoren geprägt. Diese optimal auf die Wünsche und Bedürfnisse der Kunden auszurichten ist nicht nur oberstes Gebot eines Dienstleistungsunternehmens, sondern jedes Unternehmens. Dabei ist zu beachten, dass der Kunde nicht alle ihm dargebotenen Dienstleistungen erkennen kann, weil die innerbetrieblichen Leistungen für ihn nicht offensichtlich sind.

Es liegt am Unternehmen selbst, den Kunden durch Transparenz der eigenen Leistungen bzw. des vorangegangenen Leistungserstellungsprozesses zu überzeugen. Nur dann nimmt der Kunde die Qualität der Leistungen subjektiv wahr. Demnach sind an eine Dienstleistung automatisch zwei Eigenschaften gekoppelt: ihre Wahrnehmbarkeit und Wirkung.

Ein weiteres entscheidendes Bewertungskriterium für die Dienstleistung ist die persönliche Wertschätzung des Kunden. Automatisch verbunden mit der Wertschätzung ist das so genannte Preis-/Leis-

1 Jedes Unternehmen erbringt Dienstleistungen

tungsverhältnis, bei dem der Kunde subjektiv beurteilt, ob der Preis einer Dienstleistung der erbrachten Leistung gerecht wird. Ein für beide Seiten, also Leistungserbringer und Leistungsempfänger akzeptables Preis-/Leistungsverhältnis zu definieren ist Wunsch vieler Unternehmen.

Abgesehen von rein dienstleistungsorientierten Unternehmen sind Produktleistung und Dienstleistung häufig miteinander verknüpft. Deshalb muss besonders darauf geachtet werden die Maßnahmen beider Bereiche zu koordinieren, da sie sich hemmen oder ergänzen können. Was nützt die hohe fertigungsbedingte Qualität eines Autos, wenn der Kunde über die mangelhafte Dienstleistung verärgert und durch fehlende Betreuung mit dem Produkt überfordert ist?

Es gilt auch: Für Industrieunternehmen, die in erster Linie nicht über den Preis mit ihren Wettbewerbern konkurrieren wollen, wird es immer wichtiger, ihren Kunden gegenüber als Systemanbieter bzw. komplette Problemlöser aufzutreten. Ein wesentlicher Aspekt dieser Problemlösungskompetenz ist das Angebot von Dienstleistungen.

Der Kunde erwartet insbesondere bei innovativen und komplexen Produkten ein maßgeschneidertes Bündel an Dienstleistungen. Diese reichen von Beratungsangeboten im Pre-Salesbereich über Zusatzleistungen im Salesbereich bis hin zu Wartungs-, Instandhaltungs- und Reparaturangeboten im After-Salesbereich. Zusätzlich zu der Bedeutung der Dienstleistung als Umsatzträger können mit Dienstleistungen in Kombination mit Produkten höhere Renditen erzielt werden.

Die Ziele eines Dienstleistungsunternehmens sind den Zielen der Industrieunternehmen ähnlich, nur dass hier eine langfristige Sicherung der Dienstleistungsqualität angestrebt wird. Deshalb lassen sich viele Aspekte des folgenden Schaubildes auch auf produzierende Unternehmen übertragen.

In der folgenden Abbildung sind die typischen Ziele eines Dienstleistungsunternehmens dargestellt:

Wie beeinflussen Dienstleistungen den Unternehmenserfolg?

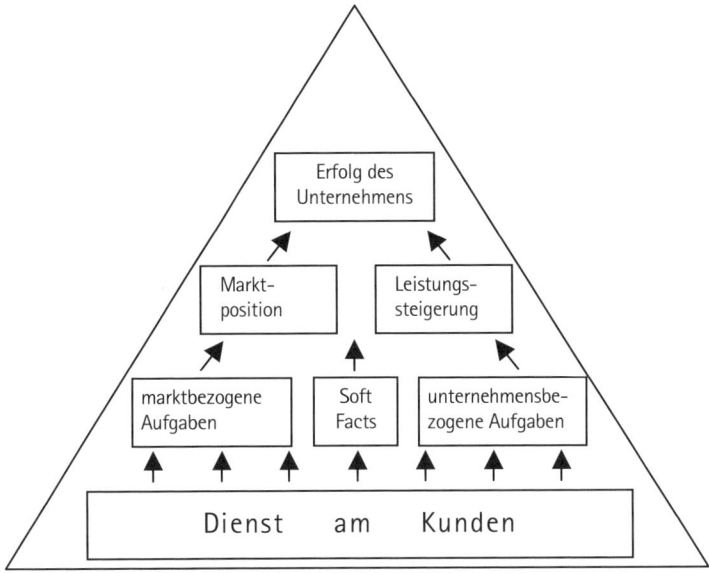

Abbildung 1: Ziele eines Dienstleistungsunternehmens

Die Basis der Pyramide stellt die zeitlose unternehmerische Maxime dar, die es unablässig zu verfolgen gilt. Aus den permanenten Überlegungen des Unternehmens, wie es einen optimalen Dienst am Kunden realisieren bzw. aufrechterhalten könnte, reifen die operativen und strategischen Ziele bis hin zur Spitze der Pyramide. Das Unternehmen richtet seine Aktivitäten auf folgende Sektoren aus:

- Mit den marktbezogenen Aufgaben versucht es die eigenen Leistungen mit den Entwicklungen im Markt abzustimmen. Dabei werden sowohl allgemeine Entwicklungen und Trends ermittelt, als auch das Verhalten der Konkurrenzunternehmen beobachtet. Das größte Gewicht hat die „Stimme des Kunden", die es zu erforschen gilt. Die Integration der Kundenanforderungen in das eigene unternehmerische Konzept erhöht die Chancen im Markt. Die Corporate Identity wirkungsvoll herauszuarbeiten macht die Ziele für den Markt transparent.

- Bei den unternehmensbezogenen Aufgaben wird angestrebt die eigenen Dienstleistungsprozesse unter Berücksichtigung von Zeit- und Kostenfaktoren zu optimieren. Die Mitarbeiter voll in die festgelegte Unternehmensphilosophie einzubinden hat hohe Priorität. Nicht nur die betriebliche Organisation muss stehen, sondern auch die fachliche und persönliche Qualifikation der Mitarbeiter, gepaart mit der emotionalen Verinnerlichung der Unternehmensideen, um die weiteren Ziele zu erreichen.
- Der bewusste, zielgerichtete Einsatz der „Soft Facts" vereint beide Aufgabengebiete.

Nur wenn alle drei Komponenten erfüllt sind, kann in der nächsten Hierarchiestufe der Pyramide ein Ausbau der Position im Markt anvisiert werden. Damit verbunden ist eine Leistungssteigerung, die nur erfolgen kann, wenn die Ausgangsbedingungen im Modell umgesetzt sind. Nicht nur das Unternehmen selbst, sondern auch der Kunde soll von der Leistungssteigerung profitieren. Letztendlich münden die geschaffenen Voraussetzungen dieser Ebene in die Spitze der Pyramide: den langfristigen unternehmerischen Erfolg, der Wunschziel jedes Unternehmens ist.

Die Qualität der Dienstleistung spiegelt sich in jeder Maßnahme und in jedem Ziel des Unternehmens wider. Ist das Qualitätsbewusstsein gering, werden die Unternehmensziele zu Minimalzielen.

Dabei hilft es, sich eine einfache Tatsache vor Augen zu führen: Jeder ist in irgendeiner Form Kunde. Deshalb können die Vorstellungen und Ansprüche der eigenen Mitarbeiter dem Unternehmen zur Umsetzung der Ziele verhelfen. Die kosten- und zeitmäßige Dimension der Pyramide sowie der Grad der Zielverfolgung hängen von verschiedenen Faktoren ab:

- Art und Dauer der Dienstleistung
- Umfang der Dienstleistung
- Wertschöpfung der Arbeit im und außerhalb des Unternehmens
- Ablauf-Schemata
- Zuständigkeiten
- Sicherheitsbestimmungen/gesetzliche Bestimmungen
- Zielgruppe
- etc.

Der Kunde registriert Qualität bewusst oder unbewusst in den einzelnen Dienstleistungen des Unternehmens. Deshalb muss die nicht physikalisch messbare Qualität in die eigene Dienstleistung übersetzt werden.

Checkliste: Kennen Sie die Anforderungen Ihrer Kunden an Ihr Dienstleistungsangebot?	
	ja/nein
Gibt es im Unternehmen ein optimal abgestimmtes Paket zwischen den Kundenerwartungen und deren Erfüllung?	
Geht die Erfüllung der Dienstleistungen mit einer Begeisterung des Kunden einher?	
Ist sich der Kunde der ihm gebotenen Dienstleistung bewusst und „spürt" er Ihre Dienstleistungsqualität?	
Werden eine optimale und professionelle Kundenbetreuung und ein optimaler Service angeboten?	
Wird ein systematisches, wirkungsvolles Customer Relationship Management eingesetzt?	
Wird eine regelmäßige Bewertung der Dienstleistungsqualität durch das Unternehmen, durch Lieferanten und durch die Kunden durchgeführt?	

1.4 Was ist das Besondere am Dienstleistungscontrolling?

Betrachtet man die Aufgaben des Controllings, ist es, wie eingangs bereits erwähnt, zunächst unerheblich, ob es um das Controlling eines Industrie- oder eines Dienstleistungsunternehmens geht. Erst wenn die einzelnen Controllinginstrumente angewendet werden, erwachsen aus den soeben erläuterten spezifischen Dienstleistungsmerkmalen besondere Herausforderungen.

Zunächst müssen Sie in einem ersten Schritt berücksichtigen, inwieweit die Dienstleistungen Ihres Unternehmens in standardisierter Form ablaufen. In diesem Fall ist die Leistungserstellung durch eine

1 Jedes Unternehmen erbringt Dienstleistungen

geringe Unsicherheit sowie ein vorab bekanntes Ergebnis gekennzeichnet. Dabei müssen Sie bedenken, in welchem Ausmaß der Kunde auf den Prozess der Leistungserstellung einwirkt und welchen Grad an Individualität Leistungsprozess und Leistungsergebnis aufweisen.

Unterscheiden Sie daher Dienstleistungen vom Typ A und Dienstleistungen vom Typ B.[5] Bei Dienstleistungen vom Typ A handelt es sich um relativ standardisiert ablaufende Vorgänge mit vorab feststehenden Ergebnissen, z. B. die Erstellung eines Hamburgers in einem Fastfood-Restaurant. Beim Controlling von Dienstleistungen des Typs A können Sie sich in stärkerem Maße am Controlling von Sachleistungen orientieren.

Dagegen weisen Dienstleistungen des Typs B eine geringe Standardisierung und eine erhöhte Unsicherheit in der Leistungserstellung auf, z. B. die Zubereitung eines Menüs à la carte in einem Spitzenrestaurant. Gerade bei Dienstleistungen des Typs B sieht sich der Controller nun im Vergleich zu Sachleistungen vor besondere Herausforderungen gestellt:

1. Je höher der Einfluss des Kunden auf die Leistungserstellung sowie auf das Prozessergebnis ist, umso größere Bedeutung hat auch die Informationsfunktion des Controllings. Das Controlling muss in erhöhtem Ausmaß kunden- und marktbezogene Informationen für das Management bereithalten und darauf achten, dass die zur Verfügung gestellten Absatzmarktdaten berücksichtigt werden. Dienstleistungscontrolling erhält daher eine stärkere kunden- und marktorientierte Ausrichtung als Sachleistungscontrolling.
2. Der Output von Sachleistungen ist – da er materieller Natur ist – konkret messbar, z. B. in Stückzahlen. Dagegen ist der Output von Dienstleistungen nicht so eindeutig quantifizierbar, da das Ergebnis immateriellen Charakter hat. Deshalb empfiehlt es sich Indikatoren zu entwickeln, die die näherungsweise Messbarkeit des Dienstleistungsoutputs ermöglichen. Die Individualität der erbrachten Leistung zieht zudem das Problem nach sich, dass die

---

[5] Zum Folgenden vgl. Schäffer, U./Weber J. (2002), S. 7.

Was ist das Besondere am Dienstleistungscontrolling? 1

Leistung nicht auf vorhandene Kostenträger verursachungsgerecht verrechnet werden kann.
3. Der Prozess Dienstleistungen zu erstellen und das damit erzielte Ergebnis unterliegen in wesentlichem Maß dem Einfluss der menschlichen Leistungsfähigkeit. Das bedeutet, die Leistungsfähigkeit der Mitarbeiter hat direkte Auswirkungen auf die Qualität der Dienstleistung und damit auf Kundenzufriedenheit und Kundenbindung. Diesen Größen muss deshalb im Rahmen des Dienstleistungscontrollings ein besonderes Augenmerk gelten.
4. Weil die menschliche Leistungsfähigkeit einen so großen Einfluss auf den Prozess der Erstellung und das Ergebnis der Dienstleistung hat, muss das Controlling Aspekte des Personalmanagements und der Mitarbeiterorientierung ganz besonders berücksichtigen. Da es letztlich die Mitarbeiter sind, die den Kunden durch ihre Leistung glücklich oder unglücklich machen, bekommen diese Faktoren ein hohes Gewicht. Die aus dem Sachleistungsbereich bekannte Ausrichtung des Controllings auf Finanzkennzahlen und prozessbezogene Größen muss durch ein Controlling der beschriebenen „weichen" Aspekte ergänzt werden.
5. Die hohe Personalintensität von Dienstleistungen zieht die Tatsache eines großen Bereitschaftskostenblocks nach sich, der sich nicht immer verursachungsgerecht auf die Kostenträger verrechnen lässt. Im Gegensatz zum Produktionsbereich dominieren im Dienstleistungsbereich Fixkosten und Gemeinkosten, deren Zurechnung auf Kostenträger regelmäßig zu Problemen führt.

> **Eine kurze Zusammenfassung:**
> Zunächst wurde der Begriff der Dienstleistung eingehend betrachtet. Kennzeichen einer Dienstleistung sind:
> - die menschliche Leistungsfähigkeit,
> - die Immaterialität,
> - die Integration eines externen Faktors.
>
> Dienstleistungen werden dabei nicht nur von institutionellen Dienstleistern erbracht, sondern auch Handwerks- und Industriebetriebe ergänzen ihr Angebot durch Dienstleistungen, um sich trotz zunehmender Produktähnlichkeit im Wettbewerb positiv zu unterscheiden

1 Jedes Unternehmen erbringt Dienstleistungen

und einen Weg aus der Preisvergleichbarkeit zu finden.

Im weiteren Verlauf des Kapitels wurden Ihnen die Aufgaben des Controllers vorgestellt. Ein Controller hat die Funktion eines internen Beraters im Unternehmen. Das Controlling ist wesentlicher Bestandteil einer vorausschauenden, zielorientierten, also rationalen Unternehmensführung. Weil Dienstleistungen zum einen Kosten und zum anderen Erträge verursachen, bietet es sich an ein effektives Dienstleistungscontrolling an diese beiden Größen zu koppeln.

Anknüpfend an die charakteristischen Merkmale von Dienstleistungen wurden die mit diesen Merkmalen verbundenen Besonderheiten eines Controllings von immateriellen Dienstleistungen im Unterschied zu materiellen Sachleistungen erläutert. Weil Dienstleistungen immaterieller Natur sind, lassen sie sich in ihrem Output nicht konkret quantifizieren. Es ist auf Hilfsindikatoren zurückzugreifen. Insbesondere weil die menschliche Leistungsfähigkeit und der externe Faktor Einfluss auf die Qualität der Dienstleistung haben, lassen sich die Erkenntnisse des produktionsorientierten Controllings nicht unmittelbar auf Dienstleistungen anwenden. Im Rahmen der Kostenrechnung erschweren die hohe Personalintensität und der damit verbundene große Block an Bereitschaftskosten die verursachungsgerechte Zurechnung auf die Kostenträger.

2 Dienstleistungscontrolling – ein wichtiger Erfolgsfaktor

Häufig denkt man bei dem Begriff Controlling vor allem an Kosten und Erträge. Doch bevor auf diese Themen in den folgenden Kapiteln ausführlich eingegangen wird, ist die grundsätzliche Frage zu beantworten: „Wie können Dienstleistungen so gemanagt werden, dass sie dazu beitragen die unternehmerischen Ziele zu erreichen und damit zu einem Erfolgsfaktor des Unternehmens werden?"
Das Zielsystem des Unternehmens soll die Pläne für die Unternehmensentwicklung der kommenden Jahre möglichst geschlossen abbilden. Denn ohne konkrete Ziele für die Zukunft lässt sich keine rationale Unternehmensführung umsetzen und ohne eine wohl überlegte Unternehmensführung kann es keine Absicherung gegen kaufmännische Risiken geben. Kurz, das Management würde einem Schiff ohne Steuermann gleichen, das in einen Sturm geraten ist – ziellos und den Unwägbarkeiten der Umwelt ausgesetzt.

2.1 Mit den richtigen Zielen den Unternehmenserfolg sichern

Im Rahmen seiner Planungsfunktion wirkt das Controlling bei der Erarbeitung des unternehmerischen Zielsystems mit. Planen bedeutet ja letztlich nichts anderes als strukturierte, wohl durchdachte Ziele vorzugeben und Mittel und Wege zur Verfügung zu stellen um diese Ziele zu erreichen.
Planung soll helfen, wirtschaftlich sinnvolle Entscheidungen vorzubereiten und damit Erfolge zu sichern, die Effizenz des Unternehmens zu steigern, Risiken zu erkennen bzw. zu reduzieren und die Komplexität von Entscheidungen zu mindern.
Wenn sich der eingangs vorgestellte Schreiner zu Beginn seiner Berufslaufbahn z. B. die Fragen stellt:

- warum er dieses Unternehmen gründet,
- welche Erfolge er im ersten Jahr seiner Tätigkeit anstrebt,
- wie viele Mitarbeiter er einstellen will,
- welche Kundengruppen er ansprechen möchte,
- wo er in den nächsten fünf Jahren mit seinem Unternehmen stehen möchte,

hat er mit den Antworten auf diese Fragen bereits ein erstes Zielsystem.

Um Ziele zu planen, können Sie nach dem Top-down-, dem Bottom-up-Prinzip oder dem Gegenstromverfahren vorgehen.

Das Top-down-Prinzip

Geplant wird von der Unternehmensspitze nach unten. Den Mitarbeitern werden die jeweils zu erreichenden persönlichen Ziele durch die Unternehmensführung vorgegeben. Es wird z. B. für das Folgejahr angestrebt, dass die Zahl der pro Mitarbeiter abgeschlossenen Aufträge zunimmt. Diese Form der Planung führt infolge ihres zentralen Charakters zu einem in sich ausgewogenen Zielsystem.

Besonders für kleine Unternehmen kann sich das Top-down-Prinzip als praktikabel erweisen, da die Geschäftsführung einen umfassenden Überblick über die Geschäftsabläufe hat. So ist der Chef der Schreinerei im eigenen Betrieb meist auch selbst als Tischler tätig und kennt deshalb die operativen Aufgaben des Tagesgeschäftes.

In großen Unternehmen scheitert dagegen das Top-down-Prinzip am Umfang der Informationen, die das – den operativen Tätigkeiten weitgehend entbundene – Management zu einer effizienten Entscheidungsfindung benötigen würde.

Generell ist beim Top-down-Prinzip zu berücksichtigen, dass hier die Mitarbeiterinteressen nicht eingebunden werden. Dies könnte dazu führen, dass Sie die Mitarbeiter demotivieren und ihnen das Gefühl geben bevormundet zu werden.

Das Bottom-up-Prinzip

Im Rahmen dieses Planungsverfahrens stellt jeder Unternehmensbereich zunächst einen eigenen Teilplan auf. Die unterschiedlichen

Teilpläne werden dann koordiniert und in der Unternehmensspitze zu einem Gesamtunternehmensplan zusammengefasst. Mitarbeiterinteressen kommen in hohem Umfang zum Tragen, da die Mitarbeiter selbst die Teilpläne aufstellen – ein Vorteil gerade im Hinblick auf Aspekte der Mitarbeitermotivation.

Es kann jedoch Schwierigkeiten bereiten die unterschiedlichen Teilpläne zu einem homogenen Gesamtplan zu verschmelzen. Problematisch ist vor allem, wenn die Einzelziele nicht dem Unternehmensgesamtziel entsprechen.

Das Gegenstromverfahren

Das Gegenstromverfahren versucht die Vorteile des Top-down- und des Bottom-up-Ansatzes zu nutzen, ohne deren jeweiligen Nachteile hinnehmen zu müssen. Die Planung findet dabei in einem wechselseitigen Prozess zwischen Unternehmensführung und den einzelnen Planungseinheiten statt.

Auf diese Weise können die Mitarbeiter in den Prozess der Zielvorgabe eingebunden werden, ohne dass es zu nennenswerten Abweichungen vom Gesamtunternehmensziel kommt – im Gegenteil: Mitarbeiterziele und die Gesamtunternehmensziele können in Einklang gebracht werden.

Ein Beispiel für das Gegenstromverfahren sind die Zielvereinbarungsgespräche, in denen sich die Mitarbeiter ihren persönlichen Zielen verpflichten, die Unternehmensleitung aber die Gesamtunternehmensziele vorgibt.

> **Tipp: Geben Sie Ziele vor!**
>
> Stellen Sie sich regelmäßig die Frage, welche Ziele Sie in Ihrem Unternehmen verfolgen. Idealerweise fassen Sie Ihre Ziele schriftlich in einem Gesamtunternehmensplan zusammen. Auf diese Weise können Sie sich Ihre Ziele immer wieder in Erinnerung rufen und mögliche Planabweichungen schneller aufdecken.
>
> Besprechen Sie die angestrebten Ziele mit Ihren Mitarbeitern. Dabei sollten Sie Ihre Mitarbeiter in die Planung einbeziehen und ihnen nicht einfach nur ein zu erreichendes Ziel vorgeben. Mitarbeiter wollen nach ihrer Meinung gefragt werden. Das erhöht ihre Bereitschaft sich dafür einzusetzen, dass die Ziele erreicht werden.

2 Dienstleistungscontrolling – ein wichtiger Erfolgsfaktor

Wie bereits dargelegt, haben die beschriebenen Planungsmethoden sowohl Vor- als auch Nachteile, weshalb es nicht zu empfehlen ist, einseitig nur eines dieser Verfahren anzuwenden. In der Praxis hat sich daher für die Planungsaufgaben folgende Kombination der Methoden bewährt:[6]

> **Welches ist das geeignete Planungsverfahren?**
> 1. Die langfristige Planung erfolgt nach dem Top-down-Prinzip: Die Unternehmensstrategie auf lange Sicht festzusetzen ist ausschließlich Aufgabe der Geschäftsführung.
> 2. Die mittelfristige Planung erfolgt im Gegenstromverfahren: Sie wird von der Unternehmensleitung und den einzelnen Einheiten gemeinsam in einem Prozess wechselseitigen Planens vorgenommen.
> 3. Die kurzfristige Planung erfolgt nach dem Bottom-up-Prinzip: also in den Planungseinheiten.
> 4. Die Budgetplanung erfolgt für das erste Planjahr ebenfalls als kurzfristige Planung nach dem Bottom-up-Prinzip.

In Anlehnung an die Unterscheidung von kurzfristigem, operativem und langfristigem, strategischem Controlling können Sie auch die Ziele Ihres Unternehmens in kurzfristig zu erreichende und langfristig anzustrebende Ziele einteilen.

Bei den kurzfristig zu verfolgenden Zielen handelt es sich in erster Linie um finanz- und prozessorientierte Ziele, während kunden- bzw. markt- und mitarbeiterorientierte Ziele einen mittel- bis langfristigen Charakter aufweisen.

Betrachtet man die zeitliche Dimension, spricht man von kurzfristigen Zielen, wenn sie im folgenden Geschäftsjahr erreicht werden sollen. Mittelfristige Ziele erstrecken sich auf einen Zeitraum von zwei bis drei Jahren und langfristige, strategische Ziele haben einen Zeithorizont von drei bis fünf Jahren, zum Teil sogar von bis zu zehn Jahren.

Dementsprechend beschäftigt sich operatives Controlling vorwiegend mit finanz- und prozessorientierten Aspekten im Unternehmen, während Gegenstand des strategischen Controllings die lang-

---
[6] Zum Folgenden vgl. Berschin, H. H. (1989), S. 49.

fristige Bestandssicherung des Unternehmens ist – mit dem Ziel eine günstige Position gegenüber der Konkurrenz aufgrund absatzmarktorientierter Leistungsvorteile zu schaffen.

2.2 Die Ressourcen effizient einsetzen: Beyond Budgeting

Die Budgetierung ist ein wichtiges Element der operativen Planung und ist untrennbar mit der Planung des unternehmerischen Zielsystems verknüpft. Zur Umsetzung von Strategien bzw. Zielen benötigt das Unternehmen finanzielle Mittel. Entsprechend müssen die strategischen Programme budgetiert werden, um sowohl den verfügbaren Gesamtetat des Unternehmens als auch die Teiletats der Geschäftsbereiche und Funktionen bestimmen zu können.[7]

Unter einem Budget wird deshalb die systematische Zusammenstellung der während einer Periode erwarteten Mengen- und Wertgrößen verstanden. Die Budgetierung hat die Aufgabe, den unternehmerischen Erfolg auf der Basis von Annahmen über die zukünftige Entwicklung der Umwelt zu schätzen. Sie dient damit in zweifacher Hinsicht als Entscheidungsgrundlage für Eigentümer, Management und Fremdkapitalgeber:

1. Mithilfe von Budgets können die finanziellen Auswirkungen, z. B. Gewinn und Liquidität, verschiedener Annahmen über die erwartete Unternehmensentwicklung untersucht werden. Dies erlaubt eine quantitativ abgestützte Entscheidung über die zu verfolgenden Unternehmensziele und die zu wählenden Maßnahmen.
2. Das Budget ist ein Führungsinstrument, welches verbindliche quantitative mengen- und wertmäßige Zielvorgaben aufstellt.

Das Budget umfasst in diesem Sinne
- die Gesamtheit der Ressourcen: Finanzmittel, Personal, Betriebsmittel usw.,

---

[7] Vgl. Schneider, D. (2000), S. 278.

- die einem organisatorischen Verantwortungsbereich, z. B. Abteilung oder Stelle,
- für einen bestimmten Zeitraum: lang-, mittel- und kurzfristig
- zur Erfüllung der übertragenen Aufgaben
- durch eine verbindliche Vereinbarung zur Verfügung gestellt wird.

Unterschieden wird zwischen starren und flexiblen Budgets. Starre Budgets enthalten Größen, die während einer Planungsperiode unbedingt eingehalten werden müssen, während flexible Budgets mit Vorgaben arbeiten, die bei veränderten Rahmenbedingungen angepasst werden können.

Der neue Trend im Rahmen von flexiblen Budgets wird Beyond Budgeting[8] genannt und kann mit „Jenseits der Budgetierung" übersetzt werden. Ausgangspunkt für Beyond Budgeting ist die Kritik am starren und bürokratischen budgetbasierten Steuerungsprozess. Wenn Unternehmen beginnen, ihre Führungsmodelle an neue Realitäten anzupassen, sind auch die entsprechenden Steuerungssysteme flexibel auszugestalten. Diese Initiativen drohen jedoch oft am Tagesgeschäft zu scheitern, wenn dort mit starren Budgets gearbeitet wird.

Die Zielsetzung des Beyond-Budgeting-Modells liegt zum einen in einer stärkeren Orientierung des gesamten Unternehmens am Markt und an den Kunden und zum anderen in der Flexibilisierung der Steuerung selbst. Beides wird auch gleichzeitig als ein Hauptmangel des traditionellen budgetbasierten Steuerungssystems dargestellt.

Die Starrheit eines strategischen Planes in Verbindung mit dem zu hohen Detaillierungsgrad auf finanzieller Ebene führt dazu, dass bei Veränderungen im Markt- und Wettbewerbsumfeld des Unternehmens nicht schnell genug oder überhaupt nicht reagiert werden kann, da man als Mitarbeiter in den Vorgaben des Jahresbudgets praktisch „gefangen" ist. Es wird lediglich angestrebt die Budgetvorgaben zu erreichen. Als Konsequenz folgt daraus, dass auch die strategischen Ziele des Unternehmens nicht erreicht werden.

---

[8] Vgl. Pfläging, N. (2003).

Die Zielsetzung des Beyond Budgeting Modells liegt in einer Unternehmenskultur, die Vertrauen, Offenheit und internen sowie externen Wettbewerb fördert. Die Möglichkeit flexibler auf Marktveränderungen reagieren zu können ist nicht der einzige Vorteil des Beyond Budgeting. Auch die Mitarbeiterzufriedenheit und die Mitarbeitermotivation werden gesteigert, weil die Mitarbeiter weniger Zeit in die Planung und Einhaltung formaler Budgets investieren.

Dieser Punkt ist vor allem für Dienstleistungen bedeutsam, deren Qualität in wesentlichem Maße von der Initiative und dem Engagement der Mitarbeiter bestimmt wird.

Ein klassisches Beispiel für die Umsetzung von Beyond Budgeting aus dem Dienstleistungsbereich sind die Svenska Handelsbanken. Dort konnte eine Organisation geschaffen werden, in der das Mitarbeiterverhalten explizit auf Kundenorientierung, Unternehmertum und die flexible Anpassung an veränderte Kundenwünsche ausgerichtet ist. Eine solche Unternehmenskultur ist ein wichtiger Erfolgsfaktor für die langfristige Sicherstellung hoher Dienstleistungsqualität.[9]

2.3 Bewegt sich Ihr Unternehmen in der Gewinnzone?

Die finanzwirtschaftlichen Hauptziele eines marktwirtschaftlichen Unternehmens bestehen darin möglichst hohe Überschüsse zu erzielen, die Liquidität zu sichern und die Wirtschaftlichkeit zu verbessern.

> **Überschuss, Liquidität und Wirtschaftlichkeit:**
> Die zentralen finanzwirtschaftlichen Aufgaben eines Unternehmens bestehen darin Gewinn zu erwirtschaften und den Bestand des Unternehmens zu sichern – indem die Zahlungsfähigkeit aufrechterhalten und die Wirtschaftlichkeit verbessert wird.

Der finanzwirtschaftliche Erfolg eines Unternehmens lässt sich durch drei wichtige Kennzahlen ausdrücken. Dies sind der Perio-

---

[9] Vgl. Morlidge, S. (2004), S. 166.

dengewinn, der Cashflow und die Rentabilität, auch Rendite genannt.

Periodengewinn, Cashflow und Rentabilität

Der Periodengewinn ist die Differenz zwischen Umsatz und Kosten eines Geschäftsjahres.

Der Cashflow bezeichnet den Umsatzüberschuss der Periode. Mit dem Cashflow wird gemessen, welche finanziellen Mittel durch die Umsatztätigkeit des Unternehmens entstanden sind. Den entstandenen Cashflow kann das Unternehmen zur Selbstfinanzierung oder zur Schuldentilgung verwenden. Bei der Berechnung des Cashflows können Sie die direkte oder indirekte Methode wählen, wobei in der Praxis meist die einfachere indirekte Methode verwendet wird.

Wenn Sie den Cashflow direkt bestimmen, bilden Sie die Differenz zwischen Einzahlungen und Auszahlungen der Periode. Ermitteln Sie dagegen den Cashflow indirekt, addieren Sie zum Jahresüberschuss den Betrag, um den sich die Abschreibungen und langfristigen Rückstellungen erhöht haben.

Die indirekte Methode wird von der Praxis deshalb bevorzugt, weil lediglich auf Basis des Jahresabschlusses die finanzunwirksamen Erfolgskomponenten zu eliminieren sind. Bei der direkten Methode müssen dagegen alle finanzwirksamen Größen des Jahresabschlusses erfasst werden. Problematisch ist dabei, dass die Zahlungswirksamkeit von Bestandteilen der Gewinn- und Verlustrechnung und der Bilanz nur selten deutlich ist.

Die Rentabilität gibt die Höhe der Verzinsung des eingesetzten Kapitals bzw. des Umsatzes in einer bestimmten Zeitspanne an. Sie können zwischen Eigenkapital-, Gesamtkapital- und Umsatzrentabilität unterscheiden.

Diese drei wichtigen Kennzahlen unternehmerischen Erfolges lassen sich anhand folgender Formeln ausdrücken bzw. ermitteln:

Bewegt sich Ihr Unternehmen in der Gewinnzone?

So berechnen Sie Gewinn, Cashflow und Rentabilität:
Gewinn:
Gewinn = Umsatz − Kosten
Cashflow nach direkter Ermittlung:
Cashflow = Einzahlungen − Auszahlungen
Cashflow nach indirekter Ermittlung:
Cashflow =   Jahresüberschuss + Abschreibungen − Zuschreibungen + Erhöhung der langfristigen Rückstellungen − Verminderung der langfristigen Rückstellungen
Rentabilität:
Eigenkapitalrendite = $\dfrac{\text{Gewinn} \times 100}{\text{Eigenkapital}}$
Gesamtkapitalrentabilität = $\dfrac{(\text{Gewinn} + \text{Fremdkapitalzinsen}) \times 100}{\text{Eigen- und Fremdkapital}}$
Umsatzrentabilität = $\dfrac{\text{Gewinn} \times 100}{\text{Umsatz}}$

Die Break-even-Analyse

Eine weitere mit dem Gewinn des Unternehmens in Verbindung stehende Größe ist der Break-even-Punkt. Er gibt an, ab welcher Absatzmenge ein Unternehmen die Gewinnzone erreicht. Die Break-even-Analyse, auch Gewinnschwellenanalyse genannt, hat zum Ziel den Break-even-Punkt zu ermitteln und ist damit ein Instrument der Erfolgskontrolle und Erfolgsplanung.

Mithilfe der Break-even-Analyse können Sie den Einfluss von
- Verkaufspreisänderungen und Absatzschwankungen,
- der Kapazitätsauslastung und
- die Veränderungen der variablen und fixen Kosten wie Lohnerhöhungen und Preissteigerungen feststellen.

2 Dienstleistungscontrolling – ein wichtiger Erfolgsfaktor

Die Break-even-Analyse bildet die Grundlage für
- die Preisgestaltung,
- die Auswahl der erfolgversprechendsten Produkte und Dienstleistungen,
- Investitionsentscheidungen,
- die Bestimmung der Sicherheitsspanne und
- des Sicherheitskoeffizienten.

Mithilfe einer Break-even-Analyse können Sie unter anderem Antworten auf die folgenden Fragen finden:
- Welche Folgen haben Absatzschwankungen für den Gewinn des Unternehmens?
- Ab welcher Umsatzhöhe wird ein Mindestgewinn erreicht?
- Wie hoch dürfen die Kosten sein, ohne dass eine Dienstleistung unrentabel wird? In welchem Umfang dürfen die Kosten bei gleichem Verkaufspreis ansteigen?
- Wie wirken sich Senkungen des Verkaufspreises auf die Rentabilität der Dienstleistung aus?
- Ab welcher Menge ist die Eigenerstellung kostengünstiger als der Fremdbezug?
- Welche Kombinationen von Kostenhöhe, Absatzmenge und Höhe des Verkaufspreises sind möglich um gewinnorientiert arbeiten zu können?
- Wie hoch ist der Deckungsbeitrag, den das Trägerprodukt erbringen muss, um den Aufwand für die Dienstleistungen per Mischkalkulation zumindest größtenteils abdecken zu können?

> **Das sollten Sie wissen!**
>
> Voraussetzung zur Durchführung einer Break-even-Analyse ist die Deckungsbeitragsrechnung.
>
> Die Deckungsbeitragsrechnung ist eine Teilkostenrechnung, die die Grundlage für Preisgestaltung, Umsatz-, Kosten- und Gewinnanalysen sein kann. Die Deckungsbeitragsrechnung geht im Gegensatz zur Vollkostenrechnung vom marktüblichen Verkaufspreis aus und ermittelt das unter Marktbedingungen zu erwartende Betriebsergebnis unter Berücksichtigung der variablen Kosten und Fixkosten.

2 Bewegt sich Ihr Unternehmen in der Gewinnzone?

Die einfache Deckungsbeitragsrechnung, auch Direct Costing genannt, dient der Ermittlung des gesamten Betriebsergebnisses. Von den Umsatzerlösen werden die variablen Kosten abgezogen. Nach anschließendem Abzug der Fixkosten ist das Betriebsergebnis abzulesen. Da die Fixkosten nur als Gesamtsumme für den ganzen Betrieb aufgenommen werden, wird noch nichts darüber ausgesagt, inwieweit einzelne Bereiche kostendeckend arbeiten.

Die mehrstufige Deckungsbeitragsrechnung macht es im Gegensatz zum einstufigen Verfahren möglich, den Erfolg einzelner Bereiche genauer aufzuzeigen. Hier werden die Fixkosten nicht als Block behandelt, sondern einzelnen Produkt- oder Kundengruppen, Marktsegmenten oder ähnlichen Einheiten zugeordnet. Die Zuordnung erfolgt nach dem Verursachungsprinzip, d. h. die Kosten werden so weit wie möglich dem Bereich zugerechnet, in dem sie entstanden sind. Es bleibt stets ein Rest von Unternehmensfixkosten übrig, der bereichsunabhängig für das gesamte Unternehmen anfällt, z. B. Steuern, Kosten für Unternehmensleitung, Rechnungswesen, Verwaltung.

In einer Grafik kann veranschaulicht werden, ab welcher Verkaufsmenge die Kosten gedeckt werden:

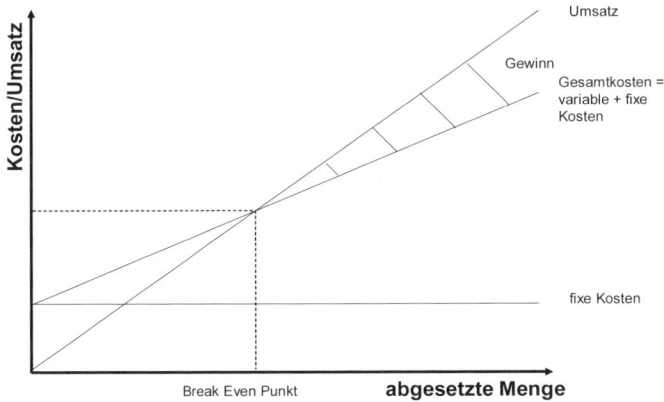

Abbildung 2: Break-even-Analyse

Wie in der Grafik oben tragen Sie in ein Koordinatensystem auf der y-Achse die Gesamtkosten und den Umsatz in Euro ein, auf der x-Achse die abgesetzte Menge in Stück.

2 Dienstleistungscontrolling – ein wichtiger Erfolgsfaktor

Die einzelnen Werte für die Gesamtkosten und für die Umsatzerlöse verbinden Sie zu Linien. Der Schnittpunkt der Gesamtkosten- und der Umsatzgeraden ist der Break-even-Punkt. Kosten und Gewinn oder Verlust, die sich bei einem bestimmten Umsatzvolumen ergeben, lassen sich einfach in der Grafik ablesen.

Der Break-even-Punkt lässt sich auch rechnerisch anhand der Fixkosten und des Deckungsbeitrages ermitteln:

```
  Umsatz
- variable Kosten
= Deckungsbeitrag
- fixe Kosten
= 0
```

Das heißt, der Break-even-Punkt ist der Punkt, an dem der Deckungsbeitrag gleich den fixen Kosten ist.
Folgerungen, die aus einer Break-even-Analyse gezogen werden können, betreffen
- den Preis,
- die Absatzmenge,
- die Kosten oder eine
- Kombination der genannten Möglichkeiten.

Im Rahmen der Break-even-Analyse kann auch festgestellt werden, ab welcher Größe ein Auftrag kostendeckend ist. Die Kenntnis des Break-even-Punktes ist von besonderer Bedeutung, um Verlustbringer isolieren zu können bzw. festzustellen, welche Dienstleistungen sich für ein Unternehmen überhaupt lohnen.

2.4 Wie steht es um Ihre Liquidität?

Die Liquidität eines Unternehmens gilt dann als gewährleistet, wenn das Unternehmen in der Lage ist, zu jedem Zeitpunkt seinen fälligen Zahlungen nachzukommen. Illiquidität bzw. Insolvenz oder auch Zahlungsunfähigkeit liegt folglich dann vor, wenn das Unternehmen

2 Wie steht es um Ihre Liquidität?

außer Stande ist, seine fälligen Verbindlichkeiten fristgerecht zu tilgen.

Sollte im Falle der Insolvenz eine Sanierung des Unternehmens nicht möglich sein, bedeutet der Tatbestand der Illiquidität das Ende der geschäftlichen Aktivitäten des Unternehmens. Weil Insolvenz ein Unternehmen an den Rand seiner Existenz bringen kann, muss es ein vordringliches Ziel unternehmerischen Handelns sein die Liquidität zu erhalten.

Möchten Sie die kurzfristige Liquidität eines Unternehmens analysieren, müssen Sie sich mit den Verhältnissen von flüssigen Mitteln, kurzfristigen Forderungen und Vorräten zu den kurzfristigen Verbindlichkeiten befassen. Allgemein werden im Rahmen der kurzfristigen Liquiditätsanalyse folgende Kennzahlen unterschieden:[10]

Liquidität 1. Grades

Die Liquidität 1. Grades drückt die kurzfristige Zahlungsfähigkeit aus. Sie zeigt an, ob das Unternehmen fähig ist, den laufenden Kosten und kurzfristigen Verbindlichkeiten nachzukommen. Zur Berechnung der Liquidität 1. Grades müssen Sie den Quotienten aus flüssigen Mitteln und kurzfristigen Verbindlichkeiten bilden. Die flüssigen Mittel setzen sich aus Kasse, Bankguthaben, Schecks und Wechsel zusammen.

$$\text{Liquidität 1. Grades} = \frac{\text{flüssige Mittel} \times 100}{\text{kurzfristige Verbindlichkeiten}}$$

Liquidität 2. Grades

Die Liquidität 2. Grades knüpft am kurzfristigen Umlaufvermögen an. Dabei sind die Vorräte von wesentlicher Bedeutung. Die Kennzahl gibt an, inwieweit die kurzfristigen Verbindlichkeiten aus kurzfristig gebundenen Werten des Umlaufvermögens zurückgeführt werden können. Bei der Berechnung ist das Verhältnis aus kurzfristigem Umlaufvermögen und kurzfristigen Verbindlichkeiten zu bilden.

---

[10] Zum Folgenden vgl. auch Nöllke, M. (2001), S. 99 f.

$$\text{Liquidität 2. Grades} = \frac{\text{kurzfristiges Umlaufvermögen} \times 100}{\text{kurzfristige Verbindlichkeiten}}$$

Liquidität 3. Grades

Bei der Berechnung der Liquidität 3. Grades wird nicht nur das kurzfristige, sondern das gesamte Umlaufvermögen berücksichtigt. Der Wert der Kennzahl muss mindestens 100 % übersteigen, um Zahlungsschwierigkeiten vorzubeugen. Im Idealfall liegt er zwischen 160 % und 200 %. Die Kennzahl berechnen Sie, indem Sie den Quotienten aus Umlaufvermögen und kurzfristigen Verbindlichkeiten bilden.

$$\text{Liquidität 3. Grades} = \frac{\text{Umlaufvermögen} \times 100}{\text{kurzfristige Verbindlichkeiten}}$$

2.5 Die Wirtschaftlichkeit steigern

Wirtschaftliches Handeln kann grundsätzlich zwei Bedeutungen haben:
1. Nach dem Minimalprinzip handelt wirtschaftlich, wer mit den geringst möglichen Mitteln ein vorgegebenes Ergebnis erzielt.
   Ein Beispiel hierzu: Ein Call Center schult seine Agenten gerade so, dass sie in der Lage sind, die Gespräche erfolgreich zu führen.
2. Nach dem Maximalprinzip handelt wirtschaftlich, wer mit gegebenen Mitteln ein möglichst hohes Ergebnis erzielt.
   Ein Beispiel hierzu: Ein Gastronom erzielt mit dem bestehenden Personal den höchstmöglichen Umsatz.

Wirtschaftliches Handeln bedeutet für ein Unternehmen folglich mit den gegebenen Produktionsfaktoren wirtschaftlich, also nicht verschwenderisch umzugehen.
Der Begriff „Produktivität" knüpft genau an diesen Zusammenhang an. Bei der Berechnung der Produktivität werden Ausbringungsmenge (Output) und Faktoreinsatz (Input) ins Verhältnis gesetzt.

Die Produktivität gibt Ihnen an, welches mengenmäßige Ergebnis Sie mit einem bestimmten Gütereinsatz erzielen konnten.

$$\text{Produktivität} = \frac{\text{Output}}{\text{Input}}$$

Da es sich sowohl beim Output als auch beim Input um mengenbezogene Größen handelt, wird die Produktivität auch als mengenmäßige Wirtschaftlichkeit bezeichnet.
Weil aber die Berechnung der Produktivität das Messen von Output- und Inputmengen erfordert, ist sie im Rahmen eines Controllings von Dienstleistungen zu modifizieren. Während sich beispielsweise für die Herstellung von Tischen sowohl die eingesetzten Produktionsfaktoren, z. B. die benötigte Menge Holz, als auch die Ausbringungsmenge in Form der Anzahl produzierter Tische messen lassen, ist dies bei Dienstleistungen aufgrund ihrer Immaterialität nicht möglich. So lassen sich der Beratungsaufwand des Schreiners und sein Beratungserfolg auf Seiten des Kunden nicht sofort in mengenmäßigen Größen wiedergeben.
Die Produktivität könnte man in diesem Zusammenhang nur über die Entwicklung eines Hilfsindikators messen. So könnte für das Schreinereibeispiel folgender Indikator herangezogen werden:

$$\text{Beratungsproduktivität} = \frac{\text{Anzahl abgeschlossener Verträge}}{\text{Anzahl Stunden für Akquisition}}$$

2.6 Verschaffen Sie sich Wettbewerbsvorteile

Strategische Wettbewerbsvorteile gegenüber der Konkurrenz aufzubauen und zu erhalten muss langfristig im Zentrum unternehmerischen Handelns stehen. Wirtschaftlicher Wettbewerb ist ein Ausleseprozess, in dem nur die Unternehmen erfolgreich sind, die sich aufgrund strategischer Vorteile bestmöglich gegenüber ihren Konkurrenten behaupten.

2 Dienstleistungscontrolling – ein wichtiger Erfolgsfaktor

Einen Wettbewerbsvorteil erzielen Sie dann, wenn
- die von Ihnen angebotene Leistung ein Merkmal aufweist, das sich positiv vom Angebot der Konkurrenz abhebt,
- dieses Leistungsmerkmal für die Kunden von Bedeutung ist bzw. von ihnen wahrgenommen wird und
- wenn es sich dabei um einen dauerhaften Leistungsvorteil handelt, der von der Konkurrenz nur schwer nachgeahmt werden kann.

Aus diesem Zusammenhang heraus ergibt sich die Bedeutung eines durch Dienstleistungen und Service gekennzeichneten Zusatzprogramms. Selbst wenn sich das Produktangebot des Schreiners Holzinger aus handwerklicher Sicht kaum merklich vom Produktangebot des Schreiners Pressplatt unterscheidet: „Ein Tisch bleibt ein Tisch ...", können Beratung und Kundendienst das entscheidende Leistungsmerkmal sein, durch das der Tisch des Schreiners Holzinger schließlich vom Kunden bevorzugt wird.

Vermeiden Sie Preiskampf durch echte Wettbewerbsvorteile!

Weil Preisvorteile kurzfristig von Konkurrenten durch eigene Preissenkungen nachgeahmt werden können, handelt es sich bei einem Preisvorteil nicht um einen strategischen Wettbewerbsvorteil. Vielmehr führt das gegenseitige sich Unterbieten dazu, dass die eigenen Margen zerstört werden. Zudem erzieht es Konsumenten zu stetig zunehmender Preissensibilität im Sinne des viel zitierten „Geiz ist geil". In diesem Kampf müssen kleine und mittlere Unternehmen infolge ihrer Kosten- und Erlösstruktur zumeist das Nachsehen haben. Hervorragender, persönlicher Service besticht dagegen durch Individualität, Kreativität und Extravaganz und ist deshalb von den Mitanbietern auf lange Sicht nicht oder nur schwer zu imitieren.

Klaus Kobjoll, deutscher Hotelier und Dozent für Marketing hat diesen Zusammenhang folgendermaßen formuliert:

„Wer nun mal keine deutlichen, schwer kopierbaren und ständig beweisbaren Wettbewerbsvorteile hat, kann den Wettbewerb leider nur über den Preis führen. Und dieser Preisdruck wird – davon bin ich überzeugt – noch zunehmen. Vor allem zwischen substituierbaren, also sehr ähnlichen Produkten. Unikate jedoch werden dieses Problem nicht haben! Machen Sie also Ihr Unternehmen zu einem Unikat!"

Verschaffen Sie sich Wettbewerbsvorteile 2

Wo steht Ihr Unternehmen im Wettbewerb?

Da wirtschaftlicher Wettbewerb ein Ausleseprozess ist, ist es wichtig, dass Sie die Positionierung Ihres Unternehmens im Markt kennen. Nur wenn Sie wissen, welche Kräfte den sie umgebenden Wettbewerb beeinflussen, können Sie eine geeignete Strategie finden, um für Ihr Unternehmen langfristige Wettbewerbsvorteile zu schaffen und somit die Existenz Ihres Betriebes im Ausleseprozess „Wettbewerb" für die Zukunft sichern.

Grundsätzlich ist Ihre Marktposition umso besser, je größer Ihre Marktanteile sind, auf deren Basis Sie sich gegenüber Ihrem Wettbewerber durchsetzen wollen. In der folgenden Tabelle ist dargestellt, wie die Wettbewerbssituation im günstigsten und ungünstigsten Fall aussehen kann:[11]

Günstige und ungünstige Wettbewerbssituationen	
Günstige Situation	Ungünstige Situation
Hohe Marktanteile	Marktanteil liegt deutlich unter der Konkurrenz
Bedeutende Marktstellung	Keinerlei Bedeutung im Markt
Überdurchschnittliche Umsatzentwicklung	Rückläufige Umsatzentwicklung
Ausgewogenes und modernes Produkt- und Dienstleistungsprogramm	Veraltete, nicht mehr marktgerechte Produkte und Dienstleistungen
Hohe Dienstleistungsqualität	Niedrige Dienstleistungsqualität
Standortvorteile gegenüber den Wettbewerbern	Standort mit Nachteilen gegenüber den Wettbewerbern

Damit Sie sich eine Vorstellung über Ihre momentane Positionierung im Wettbewerb verschaffen können, empfiehlt es sich eine Wettbewerbsanalyse durchzuführen. Als Ergebnis erhalten Sie eine umfassende Sammlung und Bewertung von Informationen über Ihre wichtigsten Konkurrenten.

---

[11] Vgl. Nagl, A. (2003), S. 39.

2 Dienstleistungscontrolling – ein wichtiger Erfolgsfaktor

Indem Sie Daten über deren
- Größe,
- Umsatz,
- Absatz,
- Mitarbeiter,
- Marktanteil,
- Marketingkonzept und
- Wettbewerbsstärke einholen,

erfahren Sie alles Wesentliche über die Stärken und Schwächen der Konkurrenten.

Im Rahmen der Wettbewerbsanalyse sollten dabei nicht nur direkte Wettbewerber, sondern auch indirekte und potenzielle Wettbewerber berücksichtigt werden.

Direkte Wettbewerber sind Konkurrenten, die mit sehr ähnlichen Produkten und Dienstleistungen am Markt agieren. Schreiner Holzinger sammelt z. B. Informationen über Schreiner Pressplatt und Schreiner Spane.

Indirekte Wettbewerber sind Unternehmen, die dasselbe Bedürfnis mit anderen Problemlösungen bedienen. Schreiner Holzinger müsste z. B. Informationen über eine Kunststofffabrik, die u. a. Kunststoffstühle in Osteuropa fertigt und im Möbelhaus im Nachbarort preisgünstig anbietet, sammeln. In diesem Zusammenhang gilt es vor allem die Mitbewerber zu beobachten, die durch ihr Ersatzprodukt das betreffende Bedürfnis zu einem günstigeren Preis erfüllen können.

Potenzielle Wettbewerber sind Anbieter, die bisher noch nicht in einem bestimmten Markt vertreten sind, mit deren Markteintritt aber aufgrund ihres Wissens jederzeit zu rechnen ist. Die Schreinerei Holzinger sollte z. B. auch Informationen über die Aktivitäten der Zimmerei Dacherl haben, da die Zimmerei aufgrund des handwerklichen Know-hows in den Absatzmarkt von Holzinger vordringen könnte.

Sammeln Sie wesentliche Daten und Informationen über Ihre Wettbewerber und lernen Sie dadurch deren Stärken und Schwächen kennen. Welche Informationsquellen sind dafür geeignet?

2 Verschaffen Sie sich Wettbewerbsvorteile

> **Informationsquellen für die Wettbewerbsanalyse**
>
> Detailinformationen gewinnen Sie aus
> - Prospekten,
> - Werbeanzeigen,
> - Informationsbroschüren,
> - Zeitungs- und Fachzeitschriftenartikeln sowie aus dem
> - Internet.
>
> Weitere Hintergrundinformationen bekommen Sie aus Gesprächen mit
> - Händlern,
> - Lieferanten,
> - Vertretern,
> - Kunden und
> - ehemaligen Mitarbeitern.

Achten Sie bei der Zusammenstellung von Daten auf deren Relevanz und auf deren tatsächlichen Nutzen für Ihr Unternehmen. Verwenden Sie nicht Ihre kostbare Zeit darauf, alle nur irgendwie verfügbaren Daten mit dem Fleiß einer Arbeitsbiene zusammenzutragen, wenn sich die Daten in der Folge als irrelevant erweisen oder gar nicht ausgewertet werden.

Finden Sie heraus, was Ihr Konkurrent vorhat:
Wenn Sie Ihre Daten auswerten, sollten Sie sich immer wieder fragen, welche Absichten der Konkurrent mit seinem Handeln verfolgt. Angenommen, Schreiner Holzinger hat von einem befreundeten Grundstücksmakler erfahren, dass Schreiner Pressplatt vor kurzer Zeit ein großes Stück Land gekauft hat. Holzinger kann nun aufgrund dieser Information davon ausgehen, dass Pressplatt in nächster Zukunft eine neue Betriebsstätte bauen wird.

So bauen Sie Wettbewerbsvorteile auf

Gelingt es Ihnen auf lange Sicht Ihr Produkt durch ein im Wettbewerb überlegenes Leistungsmerkmal vom Konkurrenzangebot unterscheidbar zu machen, werden Sie den Grundstein für zukünftig überdurchschnittliche Gewinne legen, weil Sie einen überlegenen Nutzen für Ihre Kunden schaffen. Sie sollen Ihre Kunden schließlich

2 Dienstleistungscontrolling – ein wichtiger Erfolgsfaktor

nicht aus „reiner Nächstenliebe" in Begeisterung versetzen, sondern um Ihre eigenen finanziellen Ziele zu erreichen, d. h.
- hohe Überschüsse,
- Liquiditätssicherung und
- eine Verbesserung der Wirtschaftlichkeit Ihres Unternehmens.

Da sich Produkte in ihrem Grundnutzen zunehmend ähnlich sind, die Kunden aber nicht nur ein „nacktes" Produkt wünschen, sondern eine kompetente und umfassende Lösung für ein konkretes Problem, führt der Weg zum Aufbau von Wettbewerbsvorteilen, wie im vorigen Abschnitt bereits dargelegt, immer stärker über die Servicepolitik eines Unternehmens.

Prüfen Sie anhand der folgenden Checkliste Ihr bestehendes Angebotsprogramm im Hinblick auf Wettbewerbsvorteile gegenüber Ihren wichtigsten Konkurrenten:

Checkliste: Stellen Sie Ihr Dienstleistungsangebot auf den Prüfstand!		
	geprüft?	ja/nein
Welche Dienstleistungen und welchen Service erwarten unsere Kunden?		
Gehen die von uns angebotenen Dienstleistungen über das branchenübliche Niveau hinaus?		
Welchen Service bieten wir kostenfrei an?		
Für welche Dienstleistungen müssen unsere Kunden bezahlen?		
Werden vergleichbare Dienstleistungen von der Konkurrenz kostengünstiger oder umsonst angeboten?		
Sind wir per Gesetz verpflichtet, bestimmte Dienstleistungen anzubieten? Dann bietet diese Dienstleistungen, z. B. eine Garantieleistung, auch die Konkurrenz an und somit „unterscheidet" sich unser Angebot durch diese Dienstleistungen nicht von dem unserer Konkurrenz.		
Werden Produktschulungen durchgeführt?		

Welche Beratungsleistungen führen wir durch?		
Welche Beratungsleistungen führt die Konkurrenz durch?		
Wird der Kundendienst intern oder extern durchgeführt?		
Welche Kosten entstehen durch unsere Dienstleistungen?		
Können wir die Kosten für ausgewählte Dienstleistungen unter Berücksichtigung des Konkurrenzverhaltens senken?		
Können wir bestimmte Dienstleistungen dem Kunden in Rechnung stellen oder auf die eine oder andere Serviceleistung verzichten?		

Eine kurze Zusammenfassung:

Ein unternehmerisches Zielsystem hat eine hohe Bedeutung für die erfolgreiche Unternehmensführung. Ohne Ziele kann es keine vorausschauende Unternehmensführung geben. Das Controlling spielt eine entscheidende Rolle in der Planung eines unternehmerischen Zielsystems.

Neben den zentralen finanzwirtschaftlichen Zielen wie Gewinn, Liquidität und Rentabilität, mit denen sich das operative Controlling beschäftigt, muss sich das Controlling auch mit den strategischen Absichten eines Unternehmens auseinander setzen. Unter strategischen Gesichtspunkten muss der Aufbau einer günstigen Positionierung gegenüber der Konkurrenz durch Wettbewerbsvorteile im Zentrum des Handelns stehen.

Was kommt jetzt? Im Zentrum dieses Kapitels standen die Grundlagen zum Verständnis eines Controllings für Dienstleistungen. Der folgende Abschnitt erläutert Ihnen die Aufgaben und Arbeitsweisen des Dienstleistungscontrollings aus der Perspektive der Kosten – oder anders ausgedrückt, im folgenden Kapitel lernen Sie die Tools kennen, die Sie benötigen, um einen exakten Überblick über Ihre Kosten zu haben und sie wo immer möglich zu reduzieren.

3 Toolbox: Behalten Sie Ihre Kosten im Blick

Auf Kostenebene hat das Dienstleistungscontrolling eine zentrale Aufgabe: Es soll entscheidungsrelevante Daten zur Verfügung stellen, die ein effizientes Kostenmanagement ermöglichen.

3.1 Den besten Service für die besten Kunden: die ABC-Analyse

Die ABC-Analyse wird im Controlling eingesetzt, um das Wesentliche vom Unwesentlichen unterscheidbar zu machen. Mithilfe dieses Instrumentes können Wichtigkeiten und Schwerpunkte im Unternehmen bestimmt werden. Mithilfe der ABC-Analyse kann die Unternehmensleitung erkennen, welche Aufgaben, Vorgänge, Materialien, Lieferanten, Produktgruppen, Verkaufsgebiete und Kundengruppen von besonderer Bedeutung für den Erfolg des Unternehmens sind.[12] Um eine ABC-Analyse durchzuführen müssen Mengen- und Wertgrößen miteinander verglichen werden. Als Ergebnis zeigt sich, dass häufig kleine Mengenanteile einen hohen Wertbeitrag liefern. Welche Aufgaben kann die ABC-Analyse im Rahmen des Dienstleistungscontrollings erfüllen?

Aufgaben und Ziele

Ein viel zitiertes Beispiel ist die Erkenntnis, dass in der Unternehmenspraxis sehr häufig mit nur 20 % der Kunden ein Umsatzanteil von 80 % erzielt wird. Welchen Schluss soll ein kostenbewusst handelnder Unternehmer nun aus diesem Zusammenhang ziehen? Anstatt für alle Kunden ein identisches Betreuungsprogramm vorzu-

---

[12] Vgl. Vollmuth, H. J. (1998), S. 17.

Den besten Service für die besten Kunden: die ABC-Analyse 3

sehen, sollte der Unternehmer den 20 % lukrativen Kunden, den so genannten A-Kunden, ein besonderes Begeisterungsprogramm bieten, die restlichen Kunden, die B- bzw. C-Kunden, erhalten hingegen Dienstleistungen, die entsprechend des Umsatzbeitrags gestaffelt sind.

Während also die A-Kunden im Hinblick auf den Service eine „Sonderbehandlung" genießen, erhalten C-Kunden nur ein Standardprogramm. Bei der Ausgestaltung des Standardprogramms ist allerdings darauf zu achten, dass auch Kunden der Kategorie C eine solche Leistung verdienen, die in etwa ihren Erwartungen entspricht, denn ein Kunde ist erfahrungsgemäß bereits dann zufrieden, wenn er ungefähr das erhält, was er von einem Anbieter erwartet.

Sollte die Leistung geringer als erwartet ausfallen, wird der Kunde unzufrieden sein und zum einen zur Konkurrenz abwandern und zum anderen durch seine negative Mundpropaganda dem Ruf des Unternehmens schaden.

> **Jeder bekommt den Service, den er verdient.**
>
> A-Kunden leisten einen überproportional hohen Beitrag zum Gesamtumsatz Ihres Unternehmens. Sie sollten ein ihre Erwartungen übertreffendes Serviceprogramm erhalten und verdienen es, begeistert zu sein, wenn sie Ihr Geschäft verlassen. Durch ihr aktives, positives Verhalten bzgl. Wiederkauf und Weiterempfehlung werden sie Ihnen als überzeugte Kunden die besonderen Anstrengungen danken.
>
> Da B- und C-Kunden in geringerem Maße zum Umsatz beitragen, wird ihnen aus Gründen der Kostenersparnis ein Serviceprogramm zuteil, das ihre Erwartungen erfüllt, jedoch nicht unbedingt übertrifft.

Vorgehensweise

Bevor Sie damit beginnen Ihr Leistungsprogramm zu differenzieren, ist es erforderlich den Kundenstamm in die drei Kategorien A, B- und C-Kunden einzuteilen.[13] Bei einer sehr hohen Kundenanzahl sollten Sie sich bei der Analyse auf die Kunden mit großer wirtschaftlicher Bedeutung konzentrieren. Die mit allen Kunden erziel-

---

[13] Zum Folgenden vgl. auch Vollmuth, H. J. (1998), S. 18 f.

Toolbox: Behalten Sie Ihre Kosten im Blick

ten Umsätze sind der Finanzbuchhaltung oder den Vertriebsstatistiken zu entnehmen.

Das folgende Beispiel veranschaulicht den Ablauf einer ABC-Analyse.

- Zunächst tragen Sie in die erste Spalte der Aufstellung die Umsätze nach abnehmender Höhe ein.
- In der darauffolgenden Spalte berechnen Sie für jeden Kunden den jeweiligen Umsatz prozentual zum Gesamtumsatz.
- In die dritte Spalte schreiben Sie den kumulierten Kundenumsatz.
- Nun können Sie die Einteilung in die Kundengruppen A, B und C vornehmen.

Sicher werden in der Praxis die Zahlen nicht immer exakt den „Idealwerten" der ABC-Analyse entsprechen – dennoch sollten Sie sich eng an diesen Richtwerten orientieren.

Sehen Sie nun das Beispiel:

Beispiel:
Schreiner Holzinger hat in den vergangenen Jahren schon häufiger festgestellt, dass er einen Großteil des Umsatzes nur mit einigen wenigen Kunden erzielt. Bisher wusste er jedoch nicht, wie er diese Information für die systematische Ausgestaltung seines Serviceprogramms nützen sollte.

Als er auf einem von seiner Handwerksinnung organisierten Fortbildungsseminar das Controllinginstrument der ABC-Analyse kennen lernt, kommt Licht ins Dunkel. Anhand einer ABC-Analyse lassen sich Holzingers Kunden in die Gruppen A, B und C einteilen. Je nach Wichtigkeit für den Gesamtumsatz erhalten die Kunden dann ein maßgeschneidertes Serviceangebot. Kurze Zeit nach dem Seminar setzt Holzinger das neu erworbene Wissen in die Praxis um:

Umsatzanteile je Kunde			
Kunden	Umsatz in Euro (in tausend)	Umsatz in % des Gesamtumsatzes	Umsatz in % kumuliert
Großspurig	2.000	38	38
Reichmann	1.800	35	73

Meier-Mittelmaß	800	15	88
Seltenkauf	400	8	96
Müllersparsam	100	2	98
Knauserig	80	1,5	99,5
Bestellnix	20	0,4	99,9
Habnichts	10	0,1	100
SUMME	5.210	100	-

Klassifizierung der Kunden		
Klasse	%-Anteil am Umsatz	Kunden
A	73	Großspurig, Reichmann
B	23	Meier-Mittelmaß, Seltenkauf
C	4	Müllersparsam, Knauserig, Bestellnix, Habnichts

Anhand der zweiten Tabelle erkennt Holzinger, dass die beiden Kunden Großspurig und Reichmann für 73 % seines Gesamtumsatzes verantwortlich sind, was natürlich zwangsläufig zu einer hohen Abhängigkeit von diesen Kunden führt.

Holzinger wird zwar seine Verkaufsbemühungen fortan weiter auf diese beiden Großkunden konzentrieren, dennoch ist es notwendig, weitere Großkunden zu haben und so z. B. bei den Kunden Meier-Mittelmaß und Seltenkauf durch zusätzliche absatzpolitische Anstrengungen den Umsatz weiter zu steigern.

Bei den C-Kunden ist es möglich, ihre Wünsche durch Standarddienstleistungen so zu erfüllen, dass sie Holzingers Unternehmen zumindest als zufriedene, wenn auch nicht begeisterte Kunden, verlassen.

3.2 Was darf Ihre Dienstleistung kosten? Target Costing

Target Costing ist ein strategisches Kostenmanagementkonzept, das versucht bestehende Kostenrechnungssysteme durch seine ausgeprägte Marktorientierung zu vervollständigen. Was sind die genauen Ziele des Target Costing und wie funktioniert es?

Aufgaben und Ziele

Target Costing stellt ein umfassendes Kostenplanungs-, Kostensteuerungs- und Kostenkontrollkonzept dar. Es ermöglicht aus Sicht der Unternehmenssteuerung, die Kundenorientierung konsequent durchzusetzen.[14] Maßstab ist, welcher Preis am Markt tatsächlich realisierbar ist. Deshalb steht nicht die Frage im Vordergrund: „Was wird eine Dienstleistung kosten?", sondern: „Was darf eine Dienstleistung kosten?"

Diese Zielkosten sind die maximal zulässigen Kosten, um bei einem gegebenen Verkaufspreis noch einen angemessenen Gewinn erwirtschaften zu können. Durch Zielkostenmanagement sind die Kosten so zu beeinflussen, dass die durch die Zielkosten gesetzte Obergrenze eingehalten wird.

In den am Markt akzeptablen Preis fließen im Rahmen des Target Costing sowohl kunden- als auch wettbewerbsorientierte Aspekte ein. Obwohl das Target Costing im Industriebereich entwickelt wurde, lässt es sich sehr gut im Dienstleistungscontrolling anwenden.

Vorgehensweise

Beim Market-into-Company-Verfahren, der Reinform des Target Costing, ergeben sich die Zielkosten aus dem am Markt durchsetzbaren Preis und dem geplanten Gewinn. Zuerst ist mithilfe der Marktforschung der im Markt erzielbare Preis abzuschätzen. Von diesem Preis wird der geplante Gewinn pro Einheit subtrahiert. Der verbleibende Betrag wird als „allowable costs" bezeichnet. Diese stellen im Regelfall, d. h. unter den Bedingungen marktwirtschaftlichen Wettbewerbs, auch die Zielkosten, d. h. die „target costs", dar.

Zielkosten

Die Zielkosten (allowable costs, target costs) drücken aus, was ein Produkt oder eine Dienstleistung kosten darf.

Target costs = durchsetzbarer Preis – geplanter Gewinn

---

[14] Vgl. Seidenschwarz, W. (1991), S. 198.

Die so ermittelten zulässigen Kosten vergleichen Sie im folgenden Schritt mit den geschätzten tatsächlichen Kosten für die Erbringung der Dienstleistung.[15] Bei den tatsächlichen Kosten, die auch als „drifting costs" oder „standard costs" bzw. Standardkosten bezeichnet werden, handelt es sich um die Kosten, die verursacht würden, wenn die Dienstleistung entsprechend den im Unternehmen eingespielten Prozessen erbracht würde. Genau an diesem Punkt setzt das Zielkostenmanagement an.

Dessen Aufgabe besteht darin Kostensenkungspotenziale aufzudecken, um so die Standardkosten auf das Niveau der Zielkosten zu „drücken". Wenn Sie die Zielkosten festgelegt haben, müssen Sie diese anschließend im Prozess der Zielkostenspaltung auf die Teilprozesse der Dienstleistungserstellung aufspalten. Dafür sind zunächst die aus Kundensicht relevanten Eigenschaften der Dienstleistung zu ermitteln und nach Wichtigkeit für den Konsumenten zu gewichten.

> **Kennen Sie die Erwartungen Ihrer Kunden?**
> Nicht nur für die Umsetzbarkeit des Target Costing ist die Kenntnis der Kundenwünsche essenziell. Stellen Sie sich und Ihren Mitarbeitern einmal die Frage: „Was erwarten unsere Kunden eigentlich von uns?" Notieren Sie die Ergebnisse dieses Brainstormings und versuchen Sie den einzelnen Ansprüchen Gewichte zuzuordnen.

Ebenso wie die Eigenschaften sind auch die Teilprozesse der Dienstleistungserstellung zu gewichten. Die Gewichtungsfaktoren werden entsprechend dem Ausmaß, mit dem die Teilprozesse zur Erfüllung der Kundenansprüche beitragen, festgelegt.

Die Durchführung der Zielkostenspaltung auf die Teilprozesse der Leistungserstellung sowie die anschließende Bestimmung der Zielkostenindizes wird Ihnen anhand des folgenden Beispiels erläutert[16]:

> **Zielkostenspaltung beim Target Costing:**
> Schreiner Holzinger möchte zur besseren Planung, Steuerung und Kontrolle der Kosten seines Betriebes eine systematische Kostenrechnung

---

[15] Zum Folgenden vgl. auch Fischer, R. (2002), S. 91 f.
[16] Die Konzeption des Beispieles erfolgte in Anlehnung an Fischer, R. (2002), S. 92 f. Abweichend zu Fischer wird eine andere in der Literatur verbreitete Methode zur Berechnung der Zielkostenindizes verwendet.

einführen. Da sich Unternehmer Holzinger jedoch noch nie wirklich für Kostenrechnung begeistern konnte, fragt er die Woody Consulting GmbH um Rat. Er beauftragt die Unternehmensberatung mit der Konzeption einer Kostenrechnung für seine Schreinerei.

Die Geschäftsführung der Woody Consulting GmbH freut sich über den Auftrag des Schreiners. Holzinger scheint jedoch nicht sehr glücklich über das Beratungshonorar zu sein. Holzinger meint, er hätte als Stammkunde Anspruch auf eine kostengünstigere Beratung. Diese Beschwerde nimmt die Woody Consulting GmbH zum Anlass, einmal die eigenen Prozesse aus der Nähe zu beleuchten, um Kosten zu senken und künftig einen niedrigeren Beratungspreis ansetzen zu können.

Zu Beginn der Analyse ermittelt die Woody Consulting GmbH die Zielkosten des Auftrages „Konzeption einer Kostenrechnung für ein mittelständisches Unternehmen".

Der am Markt durchsetzbare Preis beträgt 5.000 Euro. Subtrahiert die Unternehmensberatung den mit dem Auftrag angestrebten Gewinn von 1.000 Euro von diesem Zielpreis, ergeben sich die erlaubten Kosten in einer Höhe von 4.000 Euro.

Würde das Beratungsprojekt wie bisher durchgeführt, lägen die Standardkosten der Woody Consulting GmbH bei 4.680 Euro. Es besteht also Handlungsbedarf, da die Standardkosten um 680 Euro zu hoch ausfallen.

Bevor die Zielkosten auf die Teilprozesse der Dienstleistungserstellung aufgespalten werden können, müssen sowohl die für die Kunden relevanten Dienstleistungseigenschaften als auch die Teilprozesse der Leistungserbringung festgelegt und gewichtet werden. Es ergibt sich folgendes Gewichtungsschema:

Teilprozesse	Eigenschaften					Gesamtgewicht
	Atmosphäre 10 %	Schnelligkeit 10 %	Verständlichkeit 30 %	Realisationsmöglichkeit 30 %	Gestaltung 20 %	
Akquisition	50 % (5 %)					5 %
Analyse	30 % (3 %)	40 % (4 %)	10 % (3 %)			10 %
Konzeption		40 % (4 %)	30 % (9 %)	100 % (30 %)		43 %
Dokumentation		20 % (2 %)	40 % (12 %)		60 % (12 %)	26 %
Präsentation	20 % (2 %)		20 % (6 %)		40 % (8 %)	16 %

Was darf Ihre Dienstleistung kosten? Target Costing

In den Matrixzeilen sind die einzelnen Teilprozesse aufgelistet, die für die „Konzeption einer Kostenrechnung für ein mittelständisches Unternehmen" relevant sind. Die Matrixspalten zeigen die Kundenansprüche an die Beratungsleistung, wobei die jeweiligen Eigenschaften nach der Bedeutsamkeit aus Sicht der Kunden gewichtet sind.

Im Beispiel kommt der Atmosphäre, in der das Beratungsprojekt abläuft, eine Gewichtung von 10 % zu. In den Matrixzellen gibt die Zahl vor der Klammer an, inwieweit der jeweilige Teilprozess dazu beiträgt die Eigenschaft zu erfüllen.

So würde beispielsweise eine positiv gestaltete Akquisitionsphase zu 50 % dazu beitragen, eine vom Kunden als angenehm wahrgenommene Atmosphäre zu schaffen. Den übrigen Phasen kommt diesbezüglich eine weitaus geringere Bedeutung zu.

Die Zahl in der Klammer resultiert aus der Multiplikation des Erfüllungsbeitrages mit dem Eigenschaftsgewicht und drückt aus, wie hoch der Anteil des Erfüllungsbeitrags am Gesamtgewicht ist. Wenn Sie die Teilgewichte addieren, erhalten Sie dann am Ende jeder Zeile das Gesamtgewicht des Teilprozesses. Dementsprechend ist z. B. die Akquisitionsphase mit einem Gesamtgewicht von 5 % zu veranschlagen.

Das Gesamtgewicht des Teilprozesses ist maßgeblich dafür, welche Zielkosten bei der Durchführung des jeweiligen Teilprozesses anfallen dürfen. So dürften beispielsweise lediglich 5 % der gesamten Zielkosten auf den Teilprozess Akquisition entfallen.

Setzen Sie für jeden Teilprozess die Zielkosten zu den tatsächlich anfallenden Standardkosten ins Verhältnis, ergibt sich der Zielkostenindex des zugehörigen Teilprozesses. Dieser gibt an, ob der Teilprozess zu billig oder zu teuer durchgeführt wird.

Generell ist ein Zielkostenindex von 1 anzustreben, da in diesem Fall der Teilprozess genau in dem Umfang Kosten verursacht, wie er auch zur Erfüllung der Kundenbedürfnisse beiträgt. Im Fall der Woody Consulting GmbH würde dies folgendermaßen aussehen:

Teilprozesse	Teilgewicht	Standardkosten	target costs (= gesamte Zielkosten x Teilgewicht)	Zielkostenindex (= target costs /Standardkosten)	Schlussfolgerung
Akquisition	5 %	90	200	2,22	Zu preiswert
Analyse	10 %	900	400	0,44	Zu teuer
Konzeption	43 %	2.400	1.720	0,72	Zu teuer

Dokumentation	26 %	1.200	1.040	0,87	Zu teuer
Präsentation	16 %	90	640	7,11	Zu preiswert
		= 4.680	= 4.000		

3.3 Gemeinkosten richtig zuordnen: Prozesskostenrechnung

Mit der Prozesskostenrechnung wird Ihnen ein Kostenrechnungssystem an die Hand gegeben, das Ihnen die Planung, Steuerung und Kontrolle der beschäftigungsunabhängigen Gemeinkosten erleichtert. Da sich gerade das Produkt „Dienstleistung" durch einen hohen Bereitschaftskostenblock auszeichnet, ist die Prozesskostenrechnung für das Dienstleistungscontrolling von großer Relevanz.

Aufgaben und Ziele

Die herkömmlichen Systeme der Kostenrechnung unterstellen ein Fertigungs- und Absatzprogramm, in dem die Beschäftigung die wesentliche Kosteneinflussgröße darstellt und bei dem die Gemeinkosten anhand der Beschäftigung selbst oder mittels beschäftigungsabhängiger Ersatzgrößen verrechnet werden:
- Materialeinzelkosten,
- Fertigungseinzelkosten,
- Herstellkosten.

Diese Annahme ist jedoch unter heutigen Produktionsbedingungen immer weniger zulässig. So haben in den letzten Jahren – nicht zuletzt auch aufgrund der Zunahme von Dienstleistungs- und Verwaltungsaufwand – die fixen Kosten bzw. Gemeinkosten im Verhältnis zu den Einzelkosten überproportional zugenommen.

Für diesen Anstieg der Fixkosten sind in erster Linie die der Fertigung vor- bzw. nachgelagerten Dienstleistungsbereiche verantwortlich. Da diese Funktionen keinen Beitrag zum Produktionsgeschehen selbst leisten, werden sie auch als indirekte Bereiche bezeichnet.

3 Gemeinkosten richtig zuordnen: Prozesskostenrechnung

Gemeinkostentreibende Aktivitäten, die zu den der Produktion vorgelagerten Bereichen gehören, sind vor allem:
- Forschung und Entwicklung,
- Beschaffung und Logistik,
- Qualitätsmanagement und
- Planung und Steuerung

des Produktionsprozesses.

In den der Produktion nachgelagerten Bereichen verursachen
- Qualitätsmanagement und
- Kundenservice

einen weiteren Anstieg der beschäftigungsunabhängigen Kosten.

Die herkömmlichen Systeme der Kostenrechnung tragen der beschriebenen Entwicklung nicht Rechnung und büßen deshalb zunehmend an Aussagekraft ein.

Was ist das Besondere an der Prozesskostenrechnung?

Die Schwierigkeiten, Gemeinkosten mithilfe der herkömmlichen Kostenrechnungssysteme zu verrechnen, haben dazu geführt, dass die Prozesskostenrechnung entwickelt wurde.

Sie versucht, das Unternehmensgeschehen im Sinne des Ressourcenverbrauches abzubilden, indem sie die Leistungserstellung in Prozesse zerlegt. Die in den indirekten Bereichen entstandenen Kosten werden nicht über Kostenstellen sondern zuerst auf die identifizierten Prozesse und dann über die Prozesskostensätze auf die Produkte verrechnet.

Die Gemeinkosten werden also nicht über traditionelle Zuschlagsbasen verteilt, sondern in Abhängigkeit von den betrieblichen Ressourcen, die sie beanspruchen. Dadurch verbessert sich die Gemeinkostenverrechnung.

Ein weiterer Vorteil der Prozesskostenrechnung besteht darin, dass in Vollkosten gedacht wird. Langfristig gesehen kann Ihr Unternehmen schließlich nur dann Geld verdienen, wenn es Ihnen gelingt, die vollen Kosten und nicht nur Teile der Kosten abzudecken.

Zu guter Letzt ist die Prozesskostenrechnung eine wertvolle Anregung für jedes Unternehmen die eigenen Prozesse zu hinterfragen. Weil Sie das Unternehmensgeschehen in Abläufe zerlegen, werden Sie automatisch immer wieder vor die folgenden Fragen gestellt sein:

- Warum handeln wir auf diese Weise?
- Was könnten wir anders machen, wie könnten wir rationeller vorgehen?
- Wie könnten wir Gemeinkosten senken, um unsere Wettbewerbsfähigkeit langfristig zu sichern?

Bevor Sie die Prozesskostenrechnung einführen wollen, müssen Sie entscheiden, ob Sie dies unternehmensweit oder nur für Teile des Unternehmens tun wollen. Die Prozesskostenrechnung auf Unternehmensebene anzuwenden ist nur sinnvoll, wenn bestimmte Voraussetzungen erfüllt sind.

Mithilfe der folgenden Checkliste können Sie dies für Ihr Unternehmen überprüfen:

Checkliste: Ist Ihr Unternehmen für die Prozesskostenrechnung geeignet?	
Frage	ja/nein
Laufen in Ihrem Unternehmen hauptsächlich repetitive, gleichförmige Tätigkeiten ab?	
Können Sie in Ihrem Unternehmen einen proportionalen Zusammenhang zwischen den Gemeinkosten und den sie verursachenden Prozessen/Tätigkeiten feststellen?	
Haben Sie eine umfangreiche Analyse der ablaufenden Prozesse und der anfallenden Kosten durchgeführt oder beabsichtigen Sie dies zu tun?	
Machen die Personalkosten einen Großteil Ihrer Gemeinkosten aus?	

Wenn Sie die Fragen der Checkliste weitgehend mit „Ja" beantworten konnten, eignet sich Ihr Unternehmen für eine unternehmensweite Einführung der Prozesskostenrechnung.

Aus Praktikabilitäts- und Wirtschaftlichkeitsgründen wird in mittelständischen Unternehmen häufig gegen eine sofortige unternehmensweite Einführung der Prozesskostenrechnung entschieden. In diesem Falle kann sich die Unternehmensführung darauf beschränken, die Kostenrechnung einzelner Unternehmensbereiche umzu-

Gemeinkosten richtig zuordnen: Prozesskostenrechnung

stellen. Dabei wird es sich vor allem um die Kostenstellen handeln, in denen in erheblichem Maße Gemeinkosten verursacht werden.

Diese Kostenstellen eignen sich besonders gut für die Prozesskostenrechnung:[17]
• Personalwesen
• Telefonzentrale
• Materialwirtschaft/Lager
• Einkauf
• Verkauf/Innendienst
• Finanzbuchhaltung

Die Prozesskostenrechnung teilweise einzuführen empfiehlt sich vor allem für Industriebetriebe, in denen sich Dienstleistungen ausschließlich auf die indirekten Leistungsbereiche erstrecken, in denen Dienstleistungen also nur einen Teil des Angebotsspektrums ausmachen, z. B. bei einer Schreinerei.

Entscheidet sich die Unternehmensführung eines klassischen Dienstleistungsunternehmens, z. B. einer Werbeagentur, dafür die Prozesskostenrechnung einzuführen, sollte sie dies im gesamten Unternehmen tun. Im Gegensatz zur Industrie beschränkt sich der hohe Gemeinkostenblock nicht nur auf die indirekten Leistungsbereiche, sondern auch im „Produktionsprozess" selbst fallen in erster Linie Gemeinkosten an.[18]

Vorgehensweise

Hat sich die Unternehmensleitung zu einer Entscheidung über das „Ob" und das „Wieviel" der Einführung einer Prozesskostenrechnung durchgerungen, taucht die nächste Frage auf: Worin unterscheidet sich die technische Durchführung der Prozesskostenrechnung vom Ablauf der traditionellen Kostenrechnung? Seien Sie unbesorgt: Die Unterschiede sind nicht wesentlich.

---

[17] Vgl. Vollmuth, H. J. (1998), S. 310.
[18] Vgl. Reckenfelderbäumer, M. (1998), S. 406.

Wie bei der herkömmlichen Kostenrechnung benötigen Sie eine Kostenarten-, Kostenstellen- und Kostenträgerrechnung. Nur bei der Verrechnung der Gemeinkosten auf die Produkte und Dienstleistungen wird anders vorgegangen.
Führen Sie dazu die folgenden Schritte durch:[19]

Schritt 1: Gliedern Sie das Unternehmensgeschehen in Prozesse

Von einem Prozess wird immer dann gesprochen, wenn verschiedene aufeinander folgende Arbeitsvorgänge, die innerhalb einer vorgegebenen Frist beendet werden, notwendig sind um eine Leistung zu erbringen. Zieht man als Beispiel den bekannten Schreiner heran, so würde die komplette Bearbeitung eines Kundenauftrages zur Fertigung eines Schrankes einen solchen Prozess darstellen. Prozesse sind also letztlich nichts anderes als die Abwicklung des unternehmerischen Alltagsgeschäftes.

Bevor die Prozesskostenrechnung eingeführt wird, müssen die Prozesse, die für die Entstehung der Gemeinkosten verantwortlich sind, untersucht werden. Bei Ihrer Prozessanalyse werden Sie feststellen, dass im Rahmen der Aufgabenerfüllung immer wieder gleichartige Tätigkeiten anfallen, die auch als Teilprozesse bezeichnet werden. Sie werden innerhalb einer Kostenstelle gebildet.

So könnte man im Schreinereibeispiel Aktivitäten wie die Angebotsbearbeitung, die Materialdisposition oder die Durchführung von Rohstoffbestellungen als Teilprozesse klassifizieren. Fügt man sachlich zusammenhängende Teilprozesse zusammen, ergibt sich ein Hauptprozess. Hauptprozesse werden meist über mehrere Kostenstellen hinweg gebildet.

> **Führen Sie eine Prozessanalyse durch!**
>
> Am Ende der Prozessanalyse sollten Sie wissen, welche Arbeitsschritte in Ihrem Unternehmen warum ablaufen, weshalb sie in dieser Weise ablaufen und ob es nicht vielleicht sinnvoller wäre anders vorzugehen.
>
> Das Ziel der Analyse besteht darin, die Schwachstellen „eingefahrener" Abläufe aufzudecken, deren Ursachen herauszufinden und Maßnahmen zur Behebung der Schwächen zu entwickeln. Vergessen Sie nicht, dass

---

[19] Zum Folgenden vgl. Reckenfelderbäumer, M. (1998), S. 403 ff. sowie Vollmuth, H. J. (1998), S. 310 ff.

auch der bloße Verzicht auf unnötige und meist kostentreibende Prozesse eine Verbesserungsmaßnahme darstellen kann.

Orientieren Sie sich bei Ihrer Prozessanalyse an den folgenden zentralen Fragen:
- Welche Aufgaben erledigen Sie in Ihrem Unternehmen?
- Wer ist für diese Abläufe verantwortlich?
- Wie werden diese Aktivitäten ausgeführt?
- Warum handeln Sie auf diese Art und Weise?
- Wann werden Sie in einer bestimmten Richtung tätig?

Neben der Unterscheidung von Prozessen, Teilprozessen und Hauptprozessen ist noch zu berücksichtigen, ob die Vorgänge von der Leistungsmenge abhängig oder leistungsmengenneutral sind. Von der Leistungsmenge unabhängige Vorgänge sind „bereitschaftsabhängig".

Beispiele für leistungsmengeninduzierte Teilprozesse sind die Anzahl von
- Aufträgen,
- Bestellungen oder
- Garantiefällen.

Anders verhält es sich mit der Leitung einer Kostenstelle. Dieser Teilprozess bezieht sich nämlich auf eine nicht quantifizierbare Tätigkeit, ist also mengenunabhängig bzw. leistungsmengenneutral und daher bereitschaftsabhängig.

Schritt 2: Führen Sie eine Kostenträgerkalkulation durch

Das Ziel der Kostenträgerkalkulation besteht darin, die den Hauptprozessen zugerechneten Prozesskosten auf die Kalkulationsobjekte zu verteilen. Bei Kostenträgern bzw. Kalkulationsobjekten handelt es sich um die Endprodukte des Unternehmens, also um Sach- oder Dienstleistungen. Die Verteilung der Prozesskosten geschieht mithilfe der Prozesskostensätze in Abhängigkeit vom jeweiligen Ressourcenverbrauch. Den Prozesskostensatz berechen Sie, indem Sie den Quotienten aus Prozesskosten und Prozessmenge bilden:

$$\text{Prozesskostensatz} = \frac{\text{Prozesskosten}}{\text{Prozessmenge}}$$

Die Prozessmenge kennzeichnet in diesem Zusammenhang die Häufigkeit, mit der ein bestimmter Prozess durchgeführt wird. Die Bezugsgrößen, die für die verursachungsgerechte Umlage der Gemeinkosten auf das Kalkulationsobjekt relevant sind, werden auch Kostentreiber genannt. Zwischen ihnen und den Gemeinkosten der Prozesse sollte ein möglichst direkt proportionaler Zusammenhang vorliegen. Ein Anstieg der Gemeinkosten eines Prozesses muss also auf die Zunahme des entsprechenden Kostentreibers zurückzuführen sein.

In dem Schreinereibeispiel würde die Anzahl abgegebener Angebote den zum Teilprozess Angebotsbearbeitung gehörigen Kostentreiber darstellen. Mit einer größeren Anzahl der abgegebenen Angebote würden in proportionalem Umfang auch die durch den Teilprozess Angebotsbearbeitung verursachten Gemeinkosten anwachsen.

Die Kosten des zu kalkulierenden Produktes ergeben sich schließlich aus der Summe der variablen Kosten (Einzelkosten) und der anteiligen Fixkosten:

Produktkosten =   variable Kosten + anteilige Fixkosten

Neben dem oben erwähnten Prozesskostensatz müssen Sie zur Gemeinkostenverteilung noch den Prozesskoeffizienten bestimmen. Unter dem Prozesskoeffizienten versteht man die für die Bearbeitung einer Produkteinheit notwendigen Prozessbezugsgrößeneinheiten. Anhand des Prozesskoeffizienten lassen sich die Prozesskosten auf die einzelne Produkteinheit verrechnen. Die auf das Produkt zu verteilenden Gemeinkosten ergeben sich folglich im letzten Schritt durch die Multiplikation von Prozesskostensatz und Prozesskoeffizient:

Anteilige Fixkosten =   Prozesskosten x Prozesskoeffizient

3.4 Mehr Effizienz im Bereich der Gemeinkosten: Gemeinkostenwertanalyse

Die Verteilung der Gemeinkosten erfolgt insbesondere in mittelständischen Unternehmen mit Methoden, die aus den Anfängen der Kostenrechnung stammen. Bei der weitverbreiteten Gemeinkostenzuordnung nach dem „Gießkannenprinzip" verlieren Sie den Überblick über den Beitrag der einzelnen Dienstleistungen zum Geschäftserfolg. Je höher der Anteil der Gemeinkosten an den Gesamtkosten ist, desto undurchsichtiger sind die Ursachen und Gründe, die zu Gewinnen oder Verlusten führen.

Der Gemeinkostenblock ist die „Blackbox" eines Unternehmens. Man weiß zwar, wo und welche Kosten entstehen, aber nicht immer wodurch. Dienstleistungen sind ein Gemeinkostentreiber. In fast allen Unternehmen steigt im Laufe der Zeit der Anteil der Gemeinkosten an den Gesamtkosten.

Das sollten Sie wissen!
Einzelkosten sind die Kosten, die einem Kostenträger nach dem Verursachungsprinzip direkt zugeordnet werden können, z. B. Reklamation. Die Gemeinkosten sind dagegen nur indirekt zurechenbar, da sie für mehrere oder alle Kostenträger entstehen.

Ein Teil dieser Gemeinkosten lässt sich tatsächlich nicht oder nur mit hohem Aufwand direkt den verursachenden Dienstleistungen zurechnen. Das sind z. B. die Kosten für die Miete oder für die Buchhaltung. Sie werden als ein Kostenblock behandelt und nur pauschal über einen Kostenschlüssel auf die Kostenträger verteilt.

Der andere Teil der Gemeinkosten, der besonders bei Unternehmen mit einer wenig ausgebauten Kostenrechnung ins Gewicht fällt, sind die so genannten „falschen" Gemeinkosten: Das sind betriebliche Kosten, die nur wegen fehlender oder unvollständiger Kostenrechnung nicht verursachungsgerecht umgelegt werden können, prinzipiell aber zurechenbar wären.

Worauf Sie achten müssen!
Ohne genaue Kenntnis der Ursache-/Wirkungszusammenhänge stellen kurzfristige Kostensenkungsprogramme, die darauf abzielen, die Gemeinkosten zu senken, ein Risiko dar. Die wesentliche Aufgabe im Rahmen des Gemeinkostenmanagements besteht darin, ein geeignetes

> Kostenrechnungs- und Kalkulationsverfahren einzuführen, das den Kostenfaktoren und Abläufen in Ihrem Unternehmen Rechnung trägt und Kostentreiber und Profitbringer im Gemeinkostenbereich transparent macht.

Aufgaben und Ziele

Um die Produktivität im Gemeinkostenbereich zu steuern und zu verbessern wurde die Gemeinkostenwertanalyse (GWA) entwickelt. Im Gegensatz zu den direkt produktiven Arbeitsbereichen ist eine objektive Messung der Mitarbeiterproduktivität in Gemeinkostenbereichen vielfach nicht möglich. Dies gilt z. B. für solche Wirkungskreise, die überwiegend beratende, konzeptionelle oder kreative Dienstleistungen erbringen. In diesen Fällen lässt sich die Mitarbeiterproduktivität lediglich indirekt subjektiv beurteilen.

Trotz der bestehenden Messprobleme ist es für ein Unternehmen wichtig herauszufinden, ob der Nutzen der erbrachten Dienstleistungen in einem angemessenen Verhältnis zu deren Kosten steht. In diesem Zusammenhang sind die folgenden Fragen zu beantworten:

Checkliste: Wo lassen sich Kosten senken?		
	ja/nein	Welche?
Gibt es Aufgaben, zu deren Erfüllung ein geringeres Dienstleistungsniveau ausreicht?		
Lassen sich Arbeitsabläufe/Prozesse schneller, besser oder kostengünstiger erledigen?		
Können Technologien, z. B. Software, dazu beitragen, die Gemeinkosten zu senken?		
Können bestimmte Aufgaben, z. B. die Bestellannahme, andere Unternehmen kostengünstiger und/oder besser erfüllen?		

Maßnahmen zur Effizienzsteigerung im Dienstleistungsbereich zu erarbeiten und anschließend umzusetzen ist häufig komplex und zeitintensiv, aber notwendig.

Vorgehensweise

Die Gemeinkostenwertanalyse kann in sechs Schritten durchgeführt werden.
1. Der Umfang der Analyse wird festgelegt: Welche Gemeinkostenbereiche werden im Unternehmen untersucht?
2. Leistungsbeziehungen werden erfasst und die Kosten werden geschätzt: Welche Dienstleistungen werden in der Untersuchungseinheit erbracht und welche Dienstleistungen werden von anderen Untersuchungseinheiten zur Erfüllung der Leistungen in Anspruch genommen?
3. Auswertung der Ergebnisse: Bei den Dienstleistungen mit dem schlechtesten Kosten-/Nutzenverhältnis werden Kosteneinsparpotenziale ermittelt.
4. Die Ideen werden bewertet: Die Realisierbarkeit der Einsparpotenziale wird geprüft. Dabei werden negative Auswirkungen der Kostensenkung berücksichtigt.
5. Umsetzung: Die notwendigen Veränderungen werden in Arbeitsschritte zerlegt und mit Verantwortlichkeiten und Terminen versehen.
6. Controlling des Erfolges und ggf. steuerndes Eingreifen um die Projektziele der Gemeinkostenwertanalyse zu erreichen.

3.5 Kostentreiber erkennen: Zero Base Budgeting

Mit der im vorigen Abschnitt beschriebenen Gemeinkostenwertanalyse ist das Zero Base Budgeting verwandt.

Aufgaben und Ziele

Ausgangspunkt aller Überlegungen ist die Basis Null, also nicht das Bestehende, nicht das Budget des Vorjahres, sondern die Unternehmensziele. Diese Unternehmensziele werden auf die einzelnen Unternehmensebenen „heruntergebrochen". Dann werden die Aufgaben der einzelnen Stellen formuliert und die notwendigen Tätigkeiten beschrieben.

Grundgedanke des Zero Base Budgeting ist also, dass sämtliche Aktivitäten im Gemeinkosten- bzw. produktbegleitenden Dienstleistungsbereich dahingehend untersucht werden, ob und in welchem Maße sie notwendig sind. Es wird gewissermaßen so getan, als ob das Unternehmen „auf der Grünen Wiese" neu geplant werden sollte.

Das Zero Base Budgeting verfolgt drei Ziele:
- Es gilt herauszufinden, wie wichtig welche Dienstleistungen für Ihr Unternehmen sind.
- Nicht oder nicht mehr benötigte Dienstleistungen sind abzubauen.
- Dienstleistungen, die bisher nicht oder in nicht ausreichendem Umfang erbracht wurden, sind zukünftig anzubieten.

Vorgehensweise

Das Zero Base Budgeting kann in sieben Stufen abgearbeitet werden:

1. Legen Sie den Umfang der Analyse fest:
   Welche Gemeinkostenbereiche werden im Unternehmen untersucht?
2. Analysieren Sie die Gemeinkostenbereiche:
   Basierend auf den Unternehmenszielen analysieren Sie die Dienstleistungen der ausgewählten Gemeinkostenbereiche.

Checkliste: Analyse der Gemeinkostenbereiche	
	Antwort
Wer braucht die Dienstleistung in welcher Qualität?	
Wie setzt sich die Dienstleistung zusammen?	
Wie lässt sich die Dienstleistung wirtschaftlich realisieren?	
Welche Vor- und Nachteile haben bestimmte Leistungsniveaus?	
Welche Dienstleistung ist besonders wichtig und auf welche Dienstleistung könnte am ehesten verzichtet werden?	

3. Werten Sie die Ergebnisse der Analyse der Gemeinkostenbereiche aus und bilden Sie Leistungsniveaus:
   Für jeden Gemeinkostenbereich legen Sie Niveaus der zu erbringenden Dienstleistung fest:
   – Leistungsniveau 1 beschreibt das Ergebnis, mit dem gerade noch eine sinnvolle Leistung erbracht werden kann.
   – Leistungsniveau 2 erfasst zusätzliche wünschenswerte Ergebnisse.
4. Erarbeiten Sie nun die Maßnahmen:
   Jede Maßnahme beschreibt jeweils ein Leistungsniveau einer Funktion, die Vorteile dieses Niveaus und die Auswirkungen dieses Leistungsniveaus auf andere Bereiche und den Kunden.
5. Legen Sie die Reihenfolge fest:
   Vergleichen Sie Nutzen und Kosten der Maßnahmenpakete mit Nutzen und Kosten der anderen Entscheidungspakete und bringen Sie sie in eine Reihenfolge. Die Reihenfolge hängt davon ab, wie wichtig die jeweilige Maßnahme für das Erreichen der Unternehmensziele ist. Es erfolgt entsprechend dieser Reihenfolge die Budgetverteilung.
6. Beginnen Sie damit, die Maßnahmen umzusetzen:
   Zerlegen Sie die notwendigen Veränderungen in Arbeitsschritte und versehen Sie sie mit Verantwortlichkeiten und Terminen.
7. Führen Sie nun das Controlling durch:
   Jetzt erfolgt das Controlling des Erfolges. Greifen Sie ggf. steuernd ein um die Projektziele des Zero Based Budgeting zu erreichen.

4 Toolbox: Die Unternehmensstrategie im Brennpunkt

Bereits im zweiten Kapitel wurde zwischen operativem und strategischem Controlling unterschieden. Der folgende Abschnitt stellt Ihnen wirkungsvolle Instrumente des strategischen Controllings vor.

4.1 Erkennen Sie die Stärken und Schwächen Ihres Unternehmens

Die Stärken-Schwächen-Analyse ist eines der wichtigsten Instrumente des strategischen Controllings. Welche Aufgaben und Ziele verfolgt die Stärken-Schwächen-Analyse?

Aufgaben und Ziele

Sie können zum Ersten durch die sorgfältige Analyse der Stärken und Schwächen der von Ihnen erbrachten Dienstleistungen Ihre eigene Dienstleistungsqualität besser einschätzen. Zweitens können Sie nur dann zielgerichtete Verbesserungsvorschläge für die Zukunft unterbreiten, wenn Sie wissen, wie es um Ihre aktuelle Dienstleistungsqualität bestellt ist. Drittens ist schließlich die Kenntnis Ihrer Stärken und Schwächen erforderlich, um die Unternehmensstrategie so zu formulieren, dass sie sich positiv von der Ihrer Konkurrenz unterscheidet. Sinnvollerweise werden Sie Ihrer Kundschaft verstärkt die Dienstleistungen anbieten, in denen Sie im Unterschied zu Ihrem Mitbewerber eine Stärke aufweisen. Schließlich sind gerade solche Dienstleistungen im Hinblick auf ihre Ertragswirkungen Erfolg versprechend.

Vorgehensweise

Formulieren Sie zunächst einen Kriterienkatalog um die Stärken und Schwächen Ihres Dienstleistungsangebotes zu beurteilen. Orientieren Sie sich an den Bedürfnissen der Kunden. Um den

Erkennen Sie die Stärken und Schwächen Ihres Unternehmens

entieren Sie sich an den Bedürfnissen der Kunden. Um den Kriterienkatalog zu erarbeiten empfiehlt sich folgende funktionale Vorgehensweise.[20]

Schritt 1

Überlegen Sie zunächst, welche internen und absatzmarktgerichteten Dienstleistungen in Einkauf, Produktion, Marketing, Vertrieb und Kundendienst erbracht werden und erstellen Sie dann einen Kriterienkatalog.

Schritt 2

Anschließend beurteilen Sie die Merkmale. Die Beurteilung erfolgt zunächst quantitativ, d. h. jedem Kriterium wird eine Schulnote von 1 bis 5 zugewiesen. Entsprechend bedeutet die Note 1, dass Sie das Kriterium sehr gut, die Note 5, dass Sie es ungenügend erfüllen.

Schritt 3

Darüber hinaus wird für jede Funktion, d. h. Einkauf, Produktion, Marketing/Vertrieb und Kundendienst, eine Durchschnittsnote der Dienstleistungsqualität gebildet. Aus dieser Durchschnittsnote entnehmen Sie, welche Funktionen eine ausreichend bzw. überdurchschnittlich hohe Dienstleistungsqualität erbringen und bei welchen Funktionen Defizite bestehen. Letztere bilden den Anknüpfungspunkt für Verbesserungsvorschläge.

In einem Stärken-Schwächen-Profil werden die Ergebnisse grafisch dargestellt. Dabei werden die Noten der Einzelbeurteilung durch eine Zick-Zack-Linie miteinander verbunden. Die Qualität der Einzelfunktionen entnehmen Sie dem Richtungsverlauf der Zacken. Stärken-Schwächen-Profile ermöglichen einen schnellen Überblick über den Ist-Zustand des Dienstleistungsverhaltens.

Das folgende Beispiel veranschaulicht, wie eine Stärken-Schwächen-Analyse durchgeführt wird:

---

[20] Vgl. Bühner, R. (1993), S. 133.

Beispiel: Stärken-Schwächen-Analyse einer Schreinerei

Schreiner Holzinger plant zur besseren Profilierung seines Betriebes gegenüber dem Hauptkonkurrenten Pressplatt eine groß angelegte Qualitätsoffensive. Da auch die Firma Pressplatt handwerklich hochwertige Produkte liefert, glaubt Holzinger, dass der Weg zum Erfolg nur über eine Verbesserung der Dienstleistungsqualität führen kann.

Dem Ratschlag der Woody Consulting GmbH folgend möchte sich Holzinger zunächst einen Überblick über die Stärken und Schwächen seiner bisher erbrachten Dienstleistungen verschaffen. In diese Analyse sollen sowohl unternehmensinterne als auch absatzmarktgerichtete Dienstleistungen einfließen, da Holzinger davon überzeugt ist, dass die Leistungsqualität des Gesamtergebnisses von der Qualität der Einzelprozesse in seinem Unternehmen abhängig ist.

Nach der Beurteilung der eigenen Stärken und Schwächen beabsichtigt Holzinger Verbesserungsmaßnahmen so durchzuführen, dass vorhandene Stärken ausgebaut und Schwächen so weit wie möglich abgebaut werden. Auf diese Weise, so hofft Holzinger, lässt sich ein langfristiger Wettbewerbsvorteil gegenüber Pressplatt aufbauen, was die Marktposition seines Betriebes dauerhaft verbessern würde.

Im ersten Schritt seiner Analyse formuliert Holzinger folgenden nach Funktionen gegliederten Kriterienkatalog:

Einkauf	ja/nein
Unser Einkauf versorgt die Produktion stets anforderungsgerecht mit Holz, Schrauben und sonstigem Material.	
Unsere Kunden werden darüber informiert, wenn wir wegen Verzugs einer unserer Lieferanten nicht fristgerecht produzieren können.	
Produktion	
Im letzten Jahr ist es seitens unserer Kunden sehr selten zu Reklamationen gekommen.	
Wir verfügen in der Produktion über ein gewissenhaftes Qualitätsmanagement.	
Die von uns hergestellten Produkte sind wenig reparaturanfällig.	
Marketing/Vertrieb	
Wir kommen unseren Lieferfristen stets zuverlässig nach.	
Wir nutzen die Möglichkeiten moderner Informations- und Kommunikationstechnologie.	

Erkennen Sie die Stärken und Schwächen Ihres Unternehmens

Wir räumen unseren Kunden ein für unsere Branche angemessenes Zahlungsziel ein.	
Beschwerden werden bei uns mittels Computer erfasst und gewissenhaft bearbeitet.	
Im Rahmen unseres Qualitätsmanagements verfügen wir über ein Instrumentarium zur Messung der Kundenzufriedenheit und setzen dieses auch in regelmäßigen Abständen ein.	
Unser Mahnwesen ist entsprechend den Branchenverhältnissen streng genug, aber nicht zu aufdringlich ausgestaltet.	
Über den Bearbeitungsstand der Aufträge werden unsere Kunden stets umfassend informiert.	
Die Betreuung der Kunden erfolgt in unserem kleinen Betrieb weitestgehend durch den Chef persönlich.	
Kundendienst	
Unsere Kunden werden angemessen über die Pflege und Instandhaltung der erworbenen Möbelstücke informiert (Einlassen des Holzes, Ölen von Scharnieren...).	
Bis zu fünf Jahre nach dem Kauf haben unsere Kunden einen Anspruch auf kostenlose Garantieleistungen.	

Nachdem der Kriterienkatalog fertig gestellt ist, will Holzinger die Merkmale beurteilen. Er entscheidet sich für die Vergabe von Noten zwischen 1 und 5:

Einkauf	Note
Unser Einkauf versorgt die Produktion stets anforderungsgerecht mit Holz, Schrauben und sonstigem Material.	3
Unsere Kunden werden darüber informiert, wenn wir wegen Verzugs einer unserer Lieferanten nicht fristgerecht produzieren können.	1
Gesamtnote Einkauf:	2
Produktion	
Im letzten Jahr ist es seitens unserer Kunden sehr selten zu Reklamationen gekommen.	2
Wir verfügen in der Produktion über ein gewissenhaftes Qualitätsmanagement.	2
Die von uns hergestellten Produkte sind wenig reparaturanfällig.	2
Gesamtnote Produktion:	2

4 Toolbox: Die Unternehmensstrategie im Brennpunkt

Marketing/Vertrieb	
Wir kommen unseren Lieferfristen stets zuverlässig nach.	3
Wir nutzen die Möglichkeiten moderner Informations- und Kommunikationstechnologie.	4
Wir räumen unseren Kunden ein für unsere Branche angemessenes Zahlungsziel ein.	1
Beschwerden werden bei uns mittels Computer erfasst und gewissenhaft bearbeitet.	4
Im Rahmen unseres Qualitätsmanagements verfügen wir über ein Instrumentarium zur Messung der Kundenzufriedenheit und setzen dieses auch in regelmäßigen Abständen ein.	4
Unser Mahnwesen ist entsprechend den Branchenverhältnissen streng genug, aber nicht zu aufdringlich ausgestaltet.	2
Über den Bearbeitungsstand der Aufträge werden unsere Kunden stets umfassend informiert.	2
Die Betreuung der Kunden erfolgt in unserem kleinen Betrieb weitestgehend durch den Chef persönlich.	1
Gesamtnote Marketing/Vertrieb:	2,6
Kundendienst	
Unsere Kunden werden angemessen über die Pflege und Instandhaltung der erworbenen Möbelstücke informiert (Einlassen des Holzes, Ölen von Scharnieren ...).	3
Bis zu fünf Jahre nach dem Kauf haben unsere Kunden einen Anspruch auf kostenlose Garantieleistungen.	1
Gesamtnote Kundendienst:	2

Während Holzinger mit den Gesamtnoten in Einkauf, Produktion und Kundendienst zufrieden ist, macht ihm das mittelmäßige Ergebnis der Funktion Marketing/Vertrieb ein wenig zu schaffen. Diesen Aufgabenbereich sieht Holzinger als dringend verbesserungsbedürftig an.

Erstens konnten in der letzten Zeit mehrere Male die Lieferfristen nicht eingehalten werden. Zweitens könnte die Firma Holzinger die Möglichkeiten moderner Informations- und Kommunikationstechnologie noch ausgiebiger nutzen und drittens machte man sich bisher zu wenig Gedanken über die Themen Kundenzufriedenheit und Beschwerdemanagement.

Bevor Holzinger die Verbesserungsvorschläge erarbeitet, möchte er ein Stärken-Schwächen-Profil erstellen. Er hält diese Form der grafischen Aufbereitung für geeignet, auch seinen Mitarbeitern einen schnellen Überblick über die aktuelle Lage zu verschaffen. Schließlich sollen sie

Erkennen Sie die Stärken und Schwächen Ihres Unternehmens

die Verbesserungsmaßnahmen Holzingers nicht nur umsetzen, sondern selbst durch konstruktive Vorschläge zu deren Gestaltung beitragen. Es ergibt sich folgendes Stärken-Schwächen-Profil:

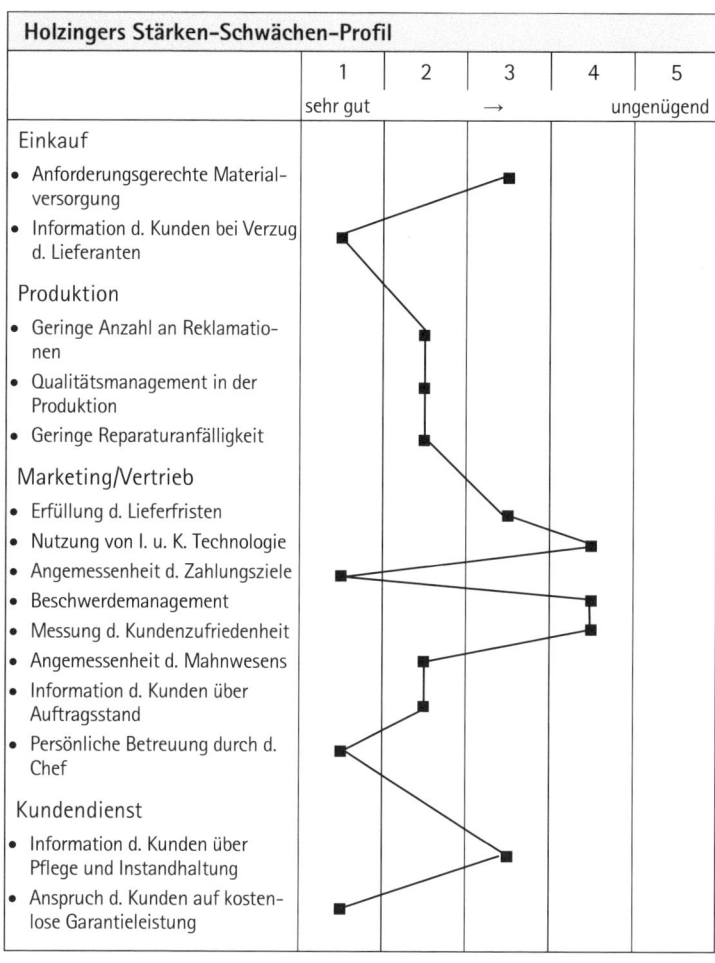

Holzingers Stärken-Schwächen-Profil

	1 sehr gut	2	3 →	4	5 ungenügend
Einkauf					
• Anforderungsgerechte Materialversorgung				■	
• Information d. Kunden bei Verzug d. Lieferanten	■				
Produktion					
• Geringe Anzahl an Reklamationen			■		
• Qualitätsmanagement in der Produktion			■		
• Geringe Reparaturanfälligkeit		■			
Marketing/Vertrieb					
• Erfüllung d. Lieferfristen				■	
• Nutzung von I. u. K. Technologie					■
• Angemessenheit d. Zahlungsziele	■				
• Beschwerdemanagement				■	
• Messung d. Kundenzufriedenheit				■	
• Angemessenheit d. Mahnwesens		■			
• Information d. Kunden über Auftragsstand			■		
• Persönliche Betreuung durch d. Chef	■				
Kundendienst					
• Information d. Kunden über Pflege und Instandhaltung				■	
• Anspruch d. Kunden auf kostenlose Garantieleistung	■				

Anknüpfend an die mithilfe der Analyse aufgedeckten Stärken und Schwächen wird sich die Schreinerei Holzinger Gedanken über die Ausgestaltung ihrer Qualitätsoffensive machen, um sich gegenüber Pressplatt zu profilieren. Sie wird mit der zukünftigen Strategie versuchen, ihre Stärken besser auszuspielen und durch gezielte Maßnahmen die Schwächen des Betriebes so weit wie möglich abzubauen.

Die Schreinerei Holzinger erwägt den verstärkten Einsatz von Informations- und Kommunikationstechnologien und die Einführung eines Beschwerdemanagements und eines Instrumentes um die Kundenzufriedenheit zu messen.

4.2 Perspektiven formulieren und umsetzen: Balanced Scorecard

Die Balanced Scorecard (BSC) ist ein Managementsystem zur strategischen Führung eines Unternehmens.

Aufgaben und Ziele

Die Balanced Scorecard soll das Management dabei unterstützen die zukünftigen Strategien sowohl zu formulieren als auch unternehmensweit zu kommunizieren. Dabei wird ein ausgewogenes Kennzahlensystem eingesetzt.

Als ausgewogen wird das System deshalb bezeichnet, weil die Balanced Scorecard nicht nur mit einer einzelnen Spitzenkennzahl arbeitet, sondern sich verschiedener Perspektiven bedient. Kaplan/Norton, die Entwickler der Balanced Scorecard, definieren vier für die Unternehmenssteuerung relevante Perspektiven:[21]

1. Finanzperspektive
2. Kundenperspektive
3. Prozessperspektive
4. Lern- und Entwicklungsperspektive.

---

[21] Vgl. Kaplan, R./Norton, D. (1992).

4 Perspektiven formulieren und umsetzen: Balanced Scorecard

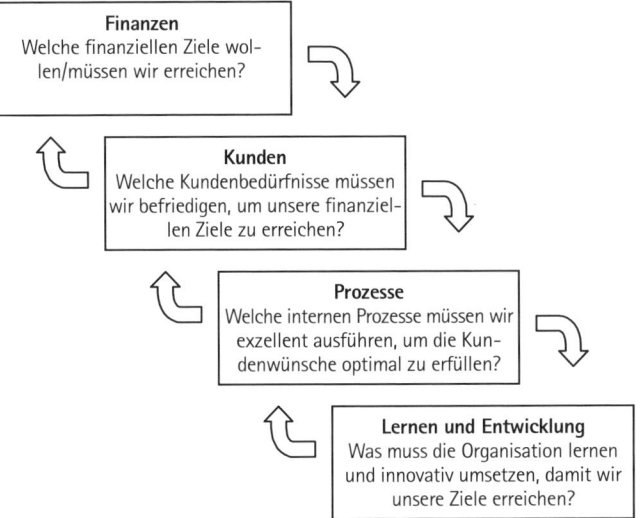

Abbildung 3: Balanced Scorecard

Auch für das Dienstleistungscontrolling kann die Balanced Scorecard einen wertvollen Beitrag leisten, da sie die Ziele des Dienstleistungsmanagements so definieren kann, dass sie bestmöglich zum Gesamtunternehmensziel beitragen.

Vorgehensweise

Wenn Sie eine Scorecard erstellen, empfiehlt es sich nach folgenden Schritten vorzugehen:

Schritt 1

Im ersten Schritt wählen Sie die Perspektiven, die für Sie in Betracht kommen. Abhängig von den strategischen Anforderungen des Unternehmens können die Perspektiven von Kaplan/Norton beibehalten oder eigene gewählt werden.

Schritt 2

Dann definieren Sie für die einzelnen Perspektiven die Ziele des Dienstleistungsmanagements.

Schritt 3

In einem weiteren Schritt wandeln Sie die Ziele in Messgrößen um, anhand derer das Dienstleistungsmanagement gesteuert werden kann.

Schritt 4

Für jede Messgröße geben Sie anschließend einen operativ anzusteuernden Zielwert vor.

Schritt 5

Am Ende formulieren Sie einen Katalog von Maßnahmen, mit denen die gesetzten Ziele erreicht werden sollen.

Das folgende Beispiel wird Ihnen die einzelnen Schritte verdeutlichen:

> **Beispiel:**
> Schreiner Holzinger beschäftigt sich nun schon seit geraumer Zeit mit dem Management seiner internen sowie absatzmarktgerichteten Dienstleistungen. Obwohl er diese bereits im Rahmen einer Stärken-Schwächen-Analyse detailliert untersucht hat, weiß er nicht genau, wie er die Verbesserungsmaßnahmen umsetzen soll. Er möchte schließlich nicht nur einzelne Problembereiche isoliert voneinander behandeln, sondern sucht nach einem Instrument, mit dessen Hilfe er systematisch sämtliche Dienstleistungsprozesse so steuern kann, dass sie gemeinsam zum Aufbau des von ihm angestrebten Wettbewerbsvorteils beitragen.
> Wieder einmal fragt er die Woody Consulting GmbH um Rat. Diese beabsichtigt, das Problem mit einer Balanced Scorecard zu lösen, wie im folgenden Beispiel erläutert wird.
> Zuerst legt die Woody Consulting GmbH die zu betrachtenden Perspektiven fest. Die Unternehmensberatung wählt dafür die Finanz-, die Kunden-, die Prozess- und die Lern- und Entwicklungsperspektive. Im Anschluss daran werden für jede der vier Perspektiven drei dienstleistungsbezogene Ziele formuliert. Diese werden sodann durch operative Messgrößen handhabbar gemacht.
> Im letzten Schritt knüpft die Woody Consulting GmbH an jede Messgröße eine quantitative Zielvorgabe, die die Schreinerei Holzinger im Idealfall erreichen sollte. Schließlich entsteht das folgende Kennzahlenschema:

Perspektiven formulieren und umsetzen: Balanced Scorecard

Finanzperspektive		
Dienstleistungsbezogene Ziele	Operative Messgrößen	Quantitative Zielvorgaben
Senkung von Verwaltungsgemeinkosten	Kosten/Umsatz; Kosten pro Kunde	Senkung um 20 %
Wirtschaftlichkeit der Kundenberatung vergrößern	Häufigkeit der Planänderung pro Auftrag	Senkung auf 1 Planänderung pro Auftrag
Erhöhung der Kauffrequenz	Anzahl an Aufträgen pro Kunde innerhalb von 3 Jahren	Mindestens 3 Aufträge pro Kunde innerhalb von 3 Jahren

Kundenperspektive		
Dienstleistungsbezogene Ziele	Operative Messgrößen	Quantitative Zielvorgaben
Bessere Erfüllung der Kundenbedürfnisse	Preisbereitschaft	Erhöhung um 5 %
Verkürzung von Lieferzeiten	Lieferdauer	Senkung auf 1 Monat bei Standardaufträgen
Effizientere Bearbeitung von Beschwerden	Dauer für die Bearbeitung von Beschwerden	Senkung auf 2 Tage

Prozessperspektive		
Dienstleistungsbezogene Ziele	Operative Messgrößen	Quantitative Zielvorgaben
Verbesserung der internen Koordination	Häufigkeit von Fehlern augrund interner Kommunikations-probleme	Senkung auf 0 Fehler pro Auftrag
Verbesserung der Materialversorgung durch den Einkauf	Häufigkeit von Lieferverzug wegen unzureichender Materialversorgung	Senkung auf 0 Tage Lieferverzug
Beschleunigung des Planungsablaufes	Planungsdauer für einen Standardauftrag	Senkung auf 2 Wochen pro Standardauftrag

4 Toolbox: Die Unternehmensstrategie im Brennpunkt

Lern- und Entwicklungsperspektive		
Dienstleistungsbezogene Ziele	Operative Messgrößen	Quantitative Zielvorgaben
Permanenter Vergleich der eigenen Produktqualität mit der anderer Hersteller	Häufigkeit von Konkurrenzanalysen, Benchmarkuntersuchungen	Erhöhung auf 1 Analyse pro Jahr
Verringerung von Garantiefällen	Häufigkeit von Garantiefällen	Senkung um 5 %
Stetige Weiterentwicklung der Mitarbeiterqualifikationen	Häufigkeit von Schulungen pro Mitarbeiter	Erhöhung auf 4 Schulungstage pro Mitarbeiter im Jahr

Um die Zielvorgaben, die in der jeweils dritten Spalte aufgeführt sind, zu erfüllen, sind nun konkrete Aktivitäten festzulegen.

Holzinger möchte z. B. die Wirtschaftlichkeit der Kundenberatung so verbessern, dass es nur noch zu höchstens einer Planänderung pro Kundenauftrag kommt. Zunächst müsste er die Gründe für die bis dato häufigen Planänderungen ermitteln. Gibt es beispielsweise Kommunikationsprobleme mit dem Kunden, könnte Holzinger zukünftig eine höhere Anzahl an Kundenbesuchen während der Planungsphase ansetzen. Durch intensivere Abstimmungen mit dem Kunden würden sich Kommunikationsprobleme und die damit verbundenen Planänderungen lassen.

4.3 Vom „Klassenbesten" lernen: Benchmarking

Der amerikanische Kopiergerätehersteller Rank Xerox prägte vor etwa 20 Jahren den Begriff Benchmarking. Rank Xerox verlor zu dieser Zeit erhebliche Marktanteile, entdeckte aber intern keine Entwicklungsmöglichkeiten. Deshalb bemühte sich der Konzern von anderen Unternehmen zu lernen. Vor allem der Vergleich mit einem Versandhaus, das über ein hervorragendes Logistiksystem verfügte, führte dazu, dass sich bei Rank Xerox in den Folgejahren wieder Erfolge einstellten.

Seitdem hat sich das Benchmarking vor allem als strategisches Konzept zu einem wichtigen Verfahren in fast jedem Unternehmen

4 Vom „Klassenbesten" lernen: Benchmarking

etabliert. Besonders im Rahmen der Diagnosefunktion des Controllings kommt ihm eine wichtige Bedeutung zu.

Aufgaben und Ziele

Benchmarking ist ein kontinuierlicher Prozess, bei dem Produkte, Dienstleistungen und vor allem Prozesse und Methoden betrieblicher Funktionen über verschiedene Unternehmen hinweg verglichen werden.[22] Vergleichen Sie die eigene Dienstleistung mit der des Unternehmens, das in diesem Aufgabenfeld am besten ist. Indem Sie Ihr Unternehmen einem konsequenten Vergleich mit dem Bestleister (Best-Practice-Lösungen) unterwerfen, können Sie Leistungsunterschiede und deren Gründe aufdecken.

Auf Basis dieses Wissens werden Verbesserungsvorschläge entwickelt, die sinnvollerweise dazu beitragen sollten die Unternehmensziele künftig besser zu erreichen. Wählen Sie die Vergleichspartner kritisch aus. Beschränken Sie sich auf sehr wenige oder sogar nur ein Vergleichsunternehmen und beugen Sie auf diese Weise einem erhöhten Arbeitsaufwand bei der Durchführung des Benchmarking vor. Hinsichtlich der Leistungsqualität sollte der Benchmarkingpartner Weltklasseniveau bieten können.

> **Benchmarking heißt: „Abschreiben vom Klassenbesten"!**
>
> Erinnern Sie sich noch an Ihre Schulzeit? Sie hatten Ihre Hausaufgaben „vergessen", weil am Nachmittag zuvor das Fußballspiel so viel verlockender schien als der Deutschaufsatz. Nun, um der Gefahr eines Verweises doch noch zu entgehen, besorgten Sie sich die Hausaufgabe eines Mitschülers.
>
> Dafür hatten Sie sich aber natürlich nicht irgendeinen Klassenkameraden ausgewählt: „Wenn man schon einmal beim Abschreiben ist, dann doch lieber auf Qualität vertrauen und versuchen, an die Arbeit des Klassenbesten zu kommen." Diese wurde dann notdürftig verändert, um sie dem Lehrer erfolgreich als Eigenleistung „verkaufen" zu können.
>
> Benchmarking heißt letztlich: Sie imitieren die Höchstleistung eines anderen und passen sie an Ihre betrieblichen Erfordernisse an. Sie lassen sich von einer Fremdleistung inspirieren, um schließlich eine Eigen-

---

[22] Vgl. Horváth, P. (2002), S. 415.

leistung, nämlich die Verbesserung Ihrer Produkte und Methoden, zu realisieren.

Im Unterschied zur Konkurrenzanalyse muss der Vergleichspartner beim Benchmarking nicht notwendigerweise aus derselben Branche stammen. Der Vergleich mit branchenfremden Anbietern ist sogar sinnvoll, wenn betriebliche Funktionen oder interne Abläufe, z. B. ein effizientes Mahnwesen, verbessert werden sollen. Dies hat folgende Gründe:

- Beachten Sie, dass zum einen die innovativsten Ideen gerade auf Anregungen, die man jenseits der Branchengrenzen gewonnen hat, basieren.
- Außerdem wird es Ihnen leichter fallen, die Konkurrenz zu übertreffen, wenn Sie sich nicht ausschließlich an deren Leistung orientieren.
- Zu guter Letzt werden Nicht-Konkurrenten im Unterschied zu direkten Wettbewerbern eher bereit sein, Informationen über sich preiszugeben. Wenn nämlich nach Abschluss des Benchmarkingprojektes für beide Seiten kein Wettbewerb durch den Partner zu erwarten ist, lässt sich leichter ein offener und für alle Beteiligten gewinnbringender Erfahrungsaustausch initiieren.

Damit Benchmarking zum gewünschten Erfolg führen kann, müssen sich natürlich die Abläufe des Partners auf das eigene Unternehmen übertragen lassen.

Vorgehensweise

Im Rahmen des Controllings von Dienstleistungen können sich Benchmarkingprojekte auf zwei Bereiche beziehen. Sie können entweder
- interne Prozesse oder
- die Ergebnisqualität

miteinander vergleichen.

Benchmarking kann sich auf reine Dienstleistungsunternehmen, deren Hauptprodukt in einer immateriellen Dienstleistung besteht, beziehen oder auf Unternehmen, deren Leistungsergebnis neben einer Sachleistung auch Servicekomponenten enthält.

4 Vom „Klassenbesten" lernen: Benchmarking

Benchmarking ist ein wichtiger Bestandteil des Qualitätscontrollings von Dienstleistungen. Um es erfolgreich durchzuführen, sollten Sie nach folgenden Schritten vorgehen:

Schritt 1: Bestimmen Sie das Projektziel

Um den für Ihr Unternehmen bestehenden Verbesserungsbedarf zu identifizieren, sollten Sie eine Stärken-Schwächen-Analyse durchführen (vgl. Kapitel 4.1). Die erkannten Schwächen können den Anstoß dazu geben ein Benchmarkingprojekt durchzuführen. Mögliche Kriterien zur Leistungsbeurteilung können Ergebnis-, Zeit-, Kosten- und Marktanteilsgrößen sowie Qualitäts- und Kundenzufriedenheitsaspekte sein. Werden aus Sicht der Unternehmensleitung bei einer oder mehrerer dieser Größen nur unbefriedigende Ergebnisse erzielt, sollten sie der Ansatzpunkt für Verbesserungen sein.

Schritt 2: Bilden Sie das Benchmarkingteam

Da Benchmarking, gerade wenn es zum ersten Mal durchgeführt wird, eine neue Herausforderung darstellt, sollte sich dieser Aufgabe am besten eine eigens zu diesem Zweck zusammengestellte Personengruppe widmen – es sollte ein Team gebildet werden.[23] Im Projektteam vertreten sein sollten auf alle Fälle die Mitarbeiter, die täglich mit der Abwicklung des zu verbessernden Prozesses betraut sind.

Schwachstellen der Auftragserfassung werden sich z. B. kaum beheben lassen, wenn sich im Projektteam keine Mitarbeiter des Vertriebs befinden. Außerdem ist bei der Auswahl der Teammitglieder auf Teamfähigkeit, Kommunikationsgeschick, die Bereitschaft zur Veränderung und die Fähigkeit zur konstruktiven Selbstkritik zu achten.

Das Aufgabenspektrum des Benchmarkingteams, das für eine abteilungsübergreifende Durchführung des Benchmarkingprojekts verantwortlich ist, besteht im Detail aus folgenden Komponenten:

1. Suche nach geeigneten Vergleichspartnern
2. Erhebung von Informationen über den Benchmarkingpartner
3. Durchführung der Analysen zur Ermittlung der Leistungslücke zwischen dem Benchmarkingpartner und dem eigenen Unternehmen
4. Zusammenstellung von Verbesserungsvorschlägen

---

[23] Vgl. Horváth, P. (2002), S. 416 ff.

5. Planung von Verbesserungsmaßnahmen
6. Durchführung bzw. Überwachung der Umsetzung der Verbesserungsmaßnahmen

Schritt 3: Bestimmen Sie den Benchmarkingpartner

Bei der Auswahl der Vergleichspartner stehen Ihnen – abhängig von der Zielsetzung des Projektes – verschiedene Möglichkeiten offen:

1. Sie vergleichen den zu analysierenden Bereich mit einem anderen Funktionsbereich Ihres Unternehmens, der in Bezug auf die zu beurteilende Größe eine Stärke aufweist: internes Benchmarking. Dementsprechend hat sich z. B. die amerikanische Firma Rank Xerox aufgrund des Wettbewerbs durch japanische Anbieter entschieden, die eigenen Methoden, Strategien und Prozesse denen der japanischen Tochtergesellschaft gegenüberzustellen.
2. Sie orientieren sich an den Leistungsvorgaben des in Ihrer Branche führenden Wettbewerbers: wettbewerbsorientiertes Benchmarking. So hat auch Rank Xerox sein zunächst intern ausgerichtetes Benchmarkingprojekt erweitert. In dieser Stufe stellte das Unternehmen einen Vergleich von Kennzahlen, wie z. B. die Fehlerquote, mit denen der Konkurrenz an.
3. Sie suchen sich für das Benchmarkingprojekt einen Vergleichspartner außerhalb Ihrer eigenen Branche. Dabei sollten Sie darauf Wert legen, dass Sie die gewonnenen Erkenntnisse auf Ihr Unternehmen übertragen können: branchenübergreifendes Benchmarking. Auf diese Art und Weise ist Rank Xerox vorgegangen, als es im Zuge der Verbesserung seiner Fakturierung auf die Kenntnisse der Kreditkartenfirma American Express zurückgegriffen hat.
4. Auch der Fast-Food-Riese McDonald's hat Kreativität bei der Partnerwahl gezeigt: Die Restaurantkette hat sich bei der Entwicklung eines neuen High-Tech-Bratofens von den Erfolgen des Automobilunternehmens Toyota im Bereich der Just-in-Time-Fertigung inspirieren lassen. Entstanden ist eine Faster-Food-Fertigungsstraße, die dem Kunden nach nur 90 Sekunden den gewünschten Hamburger liefert.[24]

---

[24] Vgl. Deckstein, D. (1998).

Schritt 4: Führen Sie die Vergleichsanalysen durch

Analysieren Sie systematisch den zu verbessernden Prozess um so die Leistungslücke zwischen dem Vergleichsunternehmen und dem eigenen Unternehmen zu ermitteln. Ferner sollen Sie auch die Ursachen für das Bestehen der Leistungslücke erkennen.

Bevor die Vergleichsanalysen tatsächlich durchgeführt werden können, müssen zunächst relevante Informationen über den Benchmarkingpartner beschafft werden. Dabei kommen erstens quantitative Informationen über Mengen, Kosten und Zeiten zum Tragen. Zweitens sind die qualitativen Aspekte zu untersuchen, die für die höhere Dienstleistungsqualität des Vergleichspartners verantwortlich sind. Nutzen Sie beispielsweise folgende Informationsquellen für die Datenerhebung:

1. Firmenpublikationen
2. Tagungen
3. Verbände
4. Datenbanken
5. Fachpresse
6. Messen
7. Expertengespräche
8. Firmenbesichtigungen

Schritt 5: Analysieren Sie die gewonnenen Informationen

Die bei den Vergleichsanalysen gewonnen Informationen auszuwerten stellt hohe Anforderungen an die Kreativität. Ermitteln Sie Ähnlichkeiten und Unterschiede der einzelnen Unternehmen. Arbeiten Sie die Einflussfaktoren, die zu Spitzenleistungen bei den Benchmark-Unternehmen führen heraus und interpretieren Sie diese anschließend.

Schritt 6: Setzen Sie die Erkenntnisse um

Im letzten Schritt setzen Sie die durch das Benchmarking erkannten Möglichkeiten die Dienstleistungsqualität zu verbessern und die Kosten zu senken im eigenen Unternehmen um.

5 Toolbox: Dienstleistungen auf hohem Qualitätsniveau

Grundsätzlich ist es für alle Unternehmen von zentraler Bedeutung eine hohe Qualität sicherzustellen. Wenn jemand ein neues Auto kauft, möchte er es nicht alle hundert Kilometer in die Werkstatt bringen müssen. Qualität ist die „[...]Gesamtheit von Eigenschaften und Merkmalen eines Produktes oder einer Dienstleistung, die sich auf dessen Eignung zur Erfüllung festgelegter oder vorausgesetzter Erfordernisse beziehen".[25]

Die Produktqualität kann durch verschiedene Mess- und Prüfverfahren relativ einfach ermittelt werden: Ein Produkt, wie z. B. ein Karosserieteil, muss die von ihm geforderten Eigenschaften erfüllen. Wird das Karosserieteil geprüft, lässt der Test nur zwei Ergebnisse zu, nämlich: „Das Karosserieteil erfüllt die Qualitätsmerkmale" oder: „Das Karosserieteil erfüllt die Qualitätsmerkmale nicht". Sie sehen an dem Beispiel, dass ausschließlich ein bestimmtes Qualitätsmerkmal eines Produktes überprüft wurde, und zwar mithilfe fester, messbarer Toleranzgrenzen, die eine eindeutige Beurteilung zulassen.

Weitaus schwieriger erscheint es die Qualität einer Dienstleistung zu beurteilen, da dort keine festgelegten Zahlenwerte als Bewertungsgrundlage zur Verfügung stehen und oftmals subjektive Beurteilungen vollzogen werden. Was man unter Qualität versteht, ist also nicht nur objektiv zu sehen, sondern bietet einen Interpretationsspielraum für Einzelne oder eine Gruppe von Menschen.

Trotz der verschiedenen Meinungen liegt der Qualität ein gemeinsames Kriterium zugrunde:

Was ist Qualität?

Qualität ist der Grad der Annäherung der Ist- an die Solleigenschaften, wobei sämtliche Eigenschaftsarten gemeint sind.

---

[25] DIN 9001.

5 Toolbox: Dienstleistungen auf hohem Qualitätsniveau

Im Vergleich zur Sachleistung gewinnt Qualität bei Dienstleistungen deshalb an zusätzlicher Bedeutung, weil Dienstleistungen an der Schnittstelle zwischen Anbieter und Kunde erbracht werden. Die Relevanz der Dienstleistungsqualität erschließt sich direkt aus den in Kapitel 1.1 erläuterten Dienstleistungsmerkmalen.

Je nach Automatisierungsgrad der Dienstleistung spielt der Mensch bzw. seine Leistungsfähigkeit bei ihrer Erbringung eine mehr oder weniger bedeutende Rolle. Gerade weil Dienstleistungsqualität subjektiv im direkten Kontakt zwischen Kunde und Unternehmen erlebt wird, sind Motivation und Qualifikation der im Kundenkontakt stehenden Mitarbeiter von zentraler Bedeutung.

Um die Qualität langfristig aufrechtzuerhalten bedürfen Mitarbeiter einer regelmäßigen Schulung und Weiterbildung.

Durch die Automatisierung von Dienstleistungen können zwar Qualitätsschwankungen gemindert und meistens Kosten gesenkt werden, die Gefahr automatisierter Dienstleistungen ist allerdings, dass sie von Wettbewerbern meist einfach kopiert werden können.

Hinzu kommt, dass Dienstleistungen immateriell sind – der Kunde kann sie nicht berühren, sondern nur erleben. Folglich lässt sich die Qualitätsbeurteilung nicht an eindeutigen Produktkomponenten festmachen, sondern stellt ein subjektives Kundenurteil dar. Besteht ein enges Vertrauensverhältnis zwischen Ihnen als Anbieter und Ihren Kunden, erhöht sich die Wahrscheinlichkeit, dass dieses subjektive Qualitätsurteil positiv ausfällt.

Kann der Kunde die Qualität der Leistung nicht anhand physischer Faktoren nachprüfen, bedarf er eines Ersatzkriteriums um das Angebot zu qualifizieren und ein solches kann das dem Unternehmen entgegengebrachte Vertrauen sein. Von zentraler Bedeutung ist dies vor allem dann, wenn die Dienstleistung in hohem Maße Vertrauenseigenschaften aufweist. Das trifft besonders auf solche Dienstleistungen zu, deren Qualität weder vor noch nach der Inanspruchnahme vollständig durch den Kunden beurteilt werden kann, wie z. B. bei einem operativen Eingriff. Entzieht sich die Leistung aus Sicht des Kunden zu jedem Zeitpunkt einer Qualitätsbeurteilung und bringt der Kunde dem Dienstleistungsanbieter nicht das notwendige Vertrauen entgegen, muss auf lange Sicht der Abbruch der Geschäftsbeziehung befürchtet werden.

Schlussendlich tritt bei der Erstellung von Dienstleistungen der Kunde nicht nur als Consumer, sondern vielmehr als Prosumer auf. Infolge der Integration des Kunden in die Erstellung der Leistung ist er sowohl Konsument als auch zum Teil Produzent der Leistung. Im Rahmen dieser Mitwirkung nimmt der Kunde auch auf die Qualität der Leistung Einfluss.

So trifft beispielsweise einen Patienten, der seinem Arzt nicht die volle Wahrheit über seine Symptome offenbart hat, eine Mitverantwortung für die Fehldiagnose des Arztes. Nachdem Kunden jedoch in den seltensten Fällen bereit sein werden, eine solche teilweise Verantwortung für das missglückte Dienstleistungsergebnis zu tragen, ist es wichtig im Rahmen der Angebotsgestaltung diesen externen Faktor zu berücksichtigen.

Wird eine Leistung geplant, sind deshalb Externalisierung und Internalisierung von Teilleistungen gegeneinander abzuwägen. Von Externalisierung wird gesprochen, wenn der Kunde Aufgaben übernimmt, die zuvor durch den Anbieter erfüllt wurden, der Kunde des Friseurs fönt die Haare z. B. selbst. Internalisierung bedeutet dagegen, dass der Anbieter Kundenleistungen übernimmt, die Autowerkstätte holt z. B. das zu reparierende Fahrzeug beim Kunden ab.

> **Das sollten Sie bedenken:**
> Je mehr Teilleistungen nach außen gegeben werden, desto größer wird der Einfluss des Kunden auf das Leistungsergebnis und umso schwerer kann der Dienstleistungserbringer eine gleichbleibende Qualität gewährleisten.

Es empfiehlt sich daher, nur solche Leistungen an den Kunden zu übertragen, von denen angenommen werden kann, dass er die Fähigkeit besitzt sie souverän zu erfüllen.

Das Qualitätsmanagement bedient sich vieler Werkzeuge um seine Ziele zu erreichen. Dabei ist es im einzelnen Unternehmen zweitrangig, ob alle zur Verfügung stehenden Verfahren genutzt werden. Wichtig ist vielmehr die für das Unternehmen relevanten Werkzeuge zu verwenden.

Ein Qualitätsmanagement kann wesentlich besser umgesetzt werden, wenn wenige dieser Werkzeuge perfekt beherrscht werden, als wenn

man alle Möglichkeiten unzureichend betreibt. Entscheidend sind am Ende immer zwei Aspekte: die Erkenntnisse, die aus dem Einsatz der Qualitätsmanagement Werkzeuge resultieren, und wie diese Erkenntnisse zum Vorteil des Unternehmens umgesetzt werden. Wichtige Qualitätsmanagement Werkzeuge sind:
- Qualitätsmanagement
- Total Quality Management (TQM)
- Quality Function Deployment (QFD)
- Fehlermöglichkeits- und Einflussanalyse (FMEA)
- Fishbone Analyse
- Six Sigma

5.1 Was ist Qualitätsmanagement?

Die Verzweigung verschiedener Unternehmensaktivitäten ist – im Vergleich zu früher – so komplex geworden, dass ein Qualitätsmanagement heute unverzichtbar ist, das dafür sorgt, dass die unternehmerischen Ziele mit der Zustimmung aller Mitarbeiter einen gemeinsamen Nenner haben, der die ständigen Veränderungen im Markt berücksichtigt.

Aufgaben und Ziele

Die Ziele eines Qualitätsmanagements richten sich unabhängig von Betriebsgröße oder Branche nach folgenden Hauptkriterien:
- Schaffung eines Qualitätsbewusstseins
- Identifikation der Mitarbeiter mit dem Unternehmen
- Förderung der Motivation der Mitarbeiter
- Reduzierung der Fehler
- Reduzierung der Kosten
- Erhaltung und Verbesserung der Qualität von Dienstleistungen
- Präzision von Arbeitsabläufen
- Optimale Auslastung der Unternehmensressourcen
- Optimale Zusammenarbeit aller Mitarbeiter
- Langfristige Sicherung des Unternehmenserfolgs
- Erhöhung der Kundenzufriedenheit

Diese Ziele sollten als eine Maxime aller Unternehmen betrachtet werden. Leider werden sie in der Praxis mit unterschiedlicher Intensität verfolgt, was zum einen an dem mangelnden Qualitätsbewusstsein in den Unternehmen selbst liegt, zum anderen an der fehlenden Zusammenführung der verschiedenen Unternehmensaktivitäten. Qualität zeigen heißt Verantwortung übernehmen.

Abbildung 4: Ziele des Qualitätsmanagements[26]

Wie Sie auf der Abbildung erkennen, erarbeitet das Qualitätsmanagement zusammen mit der Unternehmensleitung die erforderliche Qualitätsstrategie. Die Qualitätsziele werden auf Basis einer umfassenden Potenzialanalyse des Unternehmens und des vorhandenen Marktes festgelegt und erstrecken sich auf die operative und strategische Dimension.

Bereits in dieser Frühphase ist es wichtig, Regelungen für funktionelle und personelle Zuständigkeiten zu treffen. Eine weitere wichtige Aufgabe in diesem Stadium ist es Meilensteine zu setzen, mit deren Hilfe das Gesamtziel auf einzelne Teilziele „heruntergebrochen" wird.

---

[26] Vgl. Bruhn, M. (2004), S. 179.

Was ist Qualitätsmanagement? 5

Das hat folgenden Sinn:
- Erreichen Mitarbeiter Teilziele wird ihr Selbstbewusstsein gestärkt.
- Die Mitarbeiter bleiben auf Grund der Teilerfolge motiviert.
- Da die Einzelprojekte überschaubar bleiben, werden die Mitarbeiter nicht überfordert.

Vorgehensweise

Während der Qualitätsplanung werden häufig Testreihen durchgeführt, um eine Feinabstimmung mit der Planung zu erhalten und vor allem, um gegebenenfalls bei großen Abweichungen gegensteuern zu können. Im Rahmen dieser Testreihen wird überprüft, ob die aktuelle Situation dem Soll-Zustand entspricht.
Abweichungen können sein:
- Qualitätsabweichungen
- Zeitabweichungen
- Kostenabweichungen
- Kapazitätsabweichungen

Die Qualitätsförderung befasst sich damit den unternehmerischen Wunsch nach ständiger Verbesserung der Qualität umzusetzen. Sie ist eine treibende Kraft im Unternehmen und gewissermaßen eine „Ausbaustufe" der Qualitätssicherung. Mitarbeiter sollen regelmäßig geschult und weitergebildet werden, damit sie die immer anspruchsvolleren Qualitätsstandards beherrschen und neue Techniken der Problemlösung kennen lernen.

In so genannten „Qualitätszirkeln" treffen sich kleine Einheiten von Mitarbeitern und behandeln in zeitlich begrenzten Intervallen aktuelle Probleme im Unternehmen. Am effektivsten sind Qualitätszirkel, wenn sie aus der Eigenverantwortung der Mitarbeiter heraus stattfinden und die unternehmerische Leitung mehr als kooperativer Partner eingebunden ist denn als „Führungsinstanz". Die Ergebnisse bzw. Erkenntnisse aus einem Qualitätszirkel werden nach Rücksprache mit dem Qualitätsmanagement sowie den Gesamtverantwortlichen in die betriebliche Systemkette aufgenommen.

Controlling der Dienstleistungsqualität bedeutet, die ursprünglich gesetzten Ziele zu verfolgen. Das Unternehmen muss sich ständig fragen, ob das unternehmerische Gesamtziel bestmöglich angestrebt wird, ob jeder Mitarbeiter optimal dafür eingesetzt ist die Zielvorgabe zu erreichen – ob insgesamt „Kurs gehalten wird".

5.2 Alles und jeder ist gefordert: Total Quality Management

Das Total Quality Management (TQM) Modell, das in Japan entwickelt wurde, wird seit einigen Jahren auf der ganzen Welt angewendet. Für viele Unternehmen ist ein unternehmensspezifisches Total Quality Management notwendig, um auf dem Markt überhaupt überleben zu können.

Aufgaben und Ziele

Die Ziele sind die gleichen wie beim Qualitätsmanagement, sie werden jedoch mit höherer Intensität und effektiveren Ansätzen verfolgt.

- **Total** steht für alle Mitarbeiter, die an der Dienstleistungserstellung beteiligt sind.
- **Quality** steht dafür, dass sich alle Aktivitäten konsequent an den Qualitätsanforderungen der externen und internen Kundengruppen orientieren.
- **Management** bedeutet, dass die oberste Führungsebene für die Qualitätsverbesserung die Verantwortung übernimmt.

Total Quality Management ist also ein ganzheitlicher Ansatz, d. h. eine Erweiterung des traditionellen Qualitätsmanagements auf alle Funktionen und Mitarbeiter im Unternehmen. Angestrebt wird, dass sämtliche Unternehmensbereiche an der Qualitätsarbeit beteiligt sind. Alle das Unternehmen berührenden Komponenten und Qualitätsmanagementaufgaben stehen unter dem Überbau des Total Quality Managements.

Zu den erwähnten Komponenten gehören selbstverständlich auch die Lieferanten und Kunden. Deren „Stimmen", vor allem die der Kunden, haben ein weitaus größeres Gewicht als beim Qualitätsma-

Alles und jeder ist gefordert: Total Quality Management

nagement, da es für das Total Quality Management höchste Priorität hat die unternehmensrelevanten Kundenanforderungen und die Faktoren der Kundenzufriedenheit zu ergründen.

> **Was ist Total Quality Management?**
> Die folgenden Schlagworte beschreiben die verschiedenen Aspekte des Total Quality Managements:
> - Total Quality Management bedeutet ein umfassendes Qualitätsmanagement.
> - Total Quality Management kann als Philosophie oder visionärer Ansatz verstanden werden.
>
> Total Quality Management holt alle ins „Boot".

So wichtig es ist die Kundenwünsche in das Total Quality Management einzubetten, bedarf es erst einer unternehmerischen Gemeinschaft, um die hoch gesteckten Ziele auch umsetzen zu können.
Es müssen einige Voraussetzungen geschaffen sein, um Total Quality Management als feste Größe implementieren zu können:
- Erweiterung des Qualitätsbewusstseins bei den Mitarbeitern
- Durchdringung unternehmerischer Netzwerke
- Förderung der innerbetrieblichen Zusammenarbeit
- Einbindung der Unternehmensleitung als glaubwürdige Verfechterin des Total Quality Managements
- Nicht Vorgabe „von oben", sondern Etablierung im Konsens mit den Mitarbeitern
- Mehr Verantwortung der einzelnen Mitarbeiter
- Mehr Eigeninitiative der einzelnen Mitarbeiter
- Höhere unternehmerische Identifikation: „Vom Mit-Arbeiter zum Mit-Unternehmer"
- Investition in eine zielführende Personalentwicklung

Diese Prämissen lassen erkennen, welchen Anspruch das Total Quality Management Modell an das Unternehmen und die Unternehmensleitung hat.

Vorgehensweise

Wesentlich ist, dass Total Quality Management nicht nur als ein neues Programm im Unternehmen, sondern als langfristig wirksames Konzept angesehen wird.

Wichtig ist das Zusammenspiel von:
- Commitment: Der Total Quality Management Gedanke wird sowohl von der Unternehmensleitung als auch von den Mitarbeitern unterstützt.
- Kostenbewusstsein: Ineffizienzen im Unternehmen werden vermieden.
- Unternehmenskultur: Es wird nach kontinuierlicher Verbesserung im Unternehmen gesucht. Hauptziel des Kontinuierlichen Verbesserungsprozesses (KVP) ist es die Dienstleistungsqualität ständig zu erhöhen. In permanenter Reflexion über die Unternehmenssituation werden in überschaubaren Einheiten Ist/Soll-Abgleiche durchgeführt um herauszufinden, was im Unternehmen noch besser gemacht werden kann. Dabei wird – wie bei anderen Verfahren – großes Gewicht auf die Transparenz der Aktivitäten sowie auf die intensivere Zusammenarbeit von der untersten Hierarchieebene bis zur Chefetage gelegt. Der Kontinuierliche Verbesserungsprozess ist wesentlicher Bestandteil eines Total Quality Managements.

Aus den vorangehenden Abschnitten geht hervor, dass durch Total Quality Management eine durchgängige Qualitätskultur geschaffen werden soll, die sich in ihrer Ausgestaltung auf drei zentrale Aspekte bezieht:[27]
- Die erbrachten Dienstleistungen überzeugen den Kunden von dem Unternehmen.
- Die Lieferanten bieten eine hohe und konstante Qualität. Nur aus hochwertigen Vorleistungen können attraktive Dienstleistungen entstehen.

---

[27] Zum Folgenden vgl. Ziegenbein, K. (2001), S. 149 f.

5 Kundenwünsche umsetzen: Quality Function Deployment

- Jeder Mitarbeiter ist selbst für die Qualität seiner Arbeit verantwortlich. Die Devise lautet: Fehlervermeidung statt Fehlerbeseitigung!

Ob Total Quality Management erfolgreich in Ihrem Unternehmen implementiert wurde, können Sie anhand der folgenden Fragen testen.

Checkliste: Wurde Total Quality Management erfolgreich in Ihrem Unternehmen implementiert?	
	ja/nein
Fließt der Qualitätsgedanke von vornherein in das Handeln aller Mitarbeiter mit ein?	
Wird die Qualität nicht erst am Ende der Erstellung der Dienstleistung getestet?	
Trägt jeder Mitarbeiter dafür Verantwortung, dass Qualität geschaffen wird?	

5.3 Kundenwünsche umsetzen: Quality Function Deployment

Quality Function Deployment (QFD) ist ein Instrument zur systematischen Kundenorientierung der Produkt- und Prozessentwicklung und wurde Ende der sechziger Jahre in Japan von Yoji Akao und anderen konzipiert. Über die USA fand Quality Function Deployment seit Mitte der achtziger Jahre auch in Europa Einzug. Die oftmals komplex formulierten Kundenwünsche werden so übersetzt, dass sie die Entwicklung von anforderungsgerechten Dienstleistungen über alle Prozessschritte hinweg unterstützen. Für die Übersetzung werden Übersetzungsmatrizen verwendet, die auch Qualitätstabellen genannt werden und im so genannten „House of Quality" visualisiert werden.[28]

---

[28] Vgl. Eversheim, W. (2003), S.140.

5 Toolbox: Dienstleistungen auf hohem Qualitätsniveau

In die Quality-Function-Deployment-Überlegungen fließen alle Maßnahmen ein, die notwendig sind, um Kundenwünsche und Kundenforderungen im direkten 1:1-Verhältnis in unternehmerische Prozesse zu übertragen. Es wird in diesem Zusammenhang oft von „the voice of the customer" gesprochen, die erfasst, analysiert und differenziert werden muss.

Aufgaben und Ziele

Mit Quality Function Deployment soll erreicht werden, dass die Dienstleistungen die Vorstellungen der Kunden genau treffen. Das Quality Function Deployment stellt eine umfassende Systematik zur kundenorientierten Qualitätsplanung dar. Es dient dazu die Kundenorientierung in allen Phasen der Planung und Realisierung von Dienstleistungen sicherzustellen. Das Quality Function Deployment wird meist in Form des House of Quality dargestellt. In diesem House of Quality sind die verschiedenen Analyseschritte des Dienstleistungskonzeptes dokumentiert.

Voraussetzung für Quality Function Deployment ist ein gut funktionierendes Total Quality Management, das viele ähnliche Ansatzpunkte zur Gesamtverbesserung des Unternehmens beinhaltet. Wenn sich beide Methoden bzw. „ideenverwandten" Philosophien ergänzen, steigen die Chancen auf Wettbewerbsvorteile des Unternehmens erheblich.

Quality Function Deployment verfolgt die Basisziele eines Unternehmens:
- Kostenreduktion
- Zeitreduktion
- Effektivitätssteigerung
- Umsatzsteigerung

Vorgehensweise

Das House of Quality ist eine komplexe Matrix der Quality-Function-Deployment-Überlegungen in der Form eines Hauses, in dem die Hauptfragen, mit denen Quality Function Deployment operiert, eingebunden sind.

Kundenwünsche umsetzen: Quality Function Deployment

In diesen Fragen steckt die genaue Erfassung der Kundenwünsche, die notwendigen Maßnahmen der Erfüllung, die Intensität der einzelnen Maßnahmen sowie die Intention der qualitätsverbessernden Maßnahmen im Hinblick auf die Marktsituation. Die einzelnen Techniken der Informationsbeschaffung wie Befragungen, Interviews, Beschwerdemanagement, Benchmarking etc. kommen an dieser Stelle zum Zug. Die Integration von Quality Function Deployment im Unternehmen führt zur Verbesserung der Dienstleistungen für den Kunden.

Die Anzahl der notwendigen Quality-Function-Deployment-Planungsschritteist abhängig von der Komplexität der betrachteten Dienstleistung. Eine bewährte Vorgehensweise beim Quality Function Deployment läuft in sechs Schritten ab. In jedem dieser Schritte werden Matrizen zur Herleitung, Darstellung und Bewertung der Zusammenhänge benutzt.

Schritt 1:

Identifizieren Ihre Zielkunden.
Der Quality Function Deployment Prozess startet mit der Identifikation der Zielgruppen, d. h. der relevanten Kundengruppen der Dienstleistung, dem „Wer". Es sind also die für das Unternehmen wichtigen Leistungsempfänger zu ermitteln.
Beispielsweise können Sie bei bestimmten Großkunden oder langjährigen Stammkunden ansetzen.

Schritt 2:

Erfassen Sie die Wünsche und Kundenanforderungen.
Anschließend werden die Wünsche, Bedürfnisse und konkreten Anforderungen der Kunden an die Dienstleistungen, das „Was", z. B. anhand einer Kundenbefragung erhoben.

Schritt 3:

Leiten Sie die Qualitätsmerkmale ab.
Im nächsten Schritt sind die Qualitätsmerkmale abzuleiten. Beantworten Sie dazu die Frage: „Welche Merkmale haben die angebotenen Dienstleistungen aufzuweisen?" Es sind also die zur Erfüllung der Kundenanforderungen notwendigen Leistungsmerkmale zu ermitteln, das „Wie". Bei diesem Schritt ist es wichtig, die möglichen

Lösungsalternativen für die oftmals global formulierten Kundenwünsche herauszufinden.

Schritt 4:

Legen Sie die Zielgrößen der Qualitätsmerkmale fest.
Im vierten Schritt werden den Qualitätsmerkmalen messbare Zielgrößen und -einheiten, das „Wieviel", zugeordnet. Der Bestimmung der quantitativen Ausprägungen der Leistungsmerkmale folgt die Ermittlung der Optimierungsrichtung für die einzelnen Merkmalsausprägungen, d. h. die Festlegung des Zielwertes.

Schritt 5:

Prüfen Sie Wechselwirkungen.
Im fünften Schritt ist es notwendig, mögliche positive oder negative Wechselwirkungen zwischen einzelnen Qualitätsmerkmalen zu untersuchen und in einer Korrelationsmatrix, dem Dach des House of Quality zu dokumentieren.
Beispielsweise kann das Qualitätskriterium „Beratung durch Mitarbeiter" negativ mit dem Merkmal „Wartezeiten am Telefon" und positiv mit dem Merkmal „Beschwerdemanagement" korrelieren. Negative Wechselwirkungen geben Hinweise auf erforderliche Änderungen oder die Notwendigkeit völlig anderer Lösungsansätze.

Schritt 6:

Vergleichen Sie sich mit dem Wettbewerb = Benchmarking!
Im letzten Schritt des Quality Function Deployments werden Kunden, potenzielle Kunden und Mitarbeiter des Unternehmens befragt, um über die eigenen Dienstleistungen und die der Wettbewerber zu urteilen. Die Gegenüberstellung der Antworten auf Fragen, wie gut beispielsweise die eigene Leistung im Vergleich zur Leistung eines Wettbewerbers sei, gibt Hinweise auf Verbesserungspotenziale und die Erzielung von Wettbewerbsvorteilen.
Sämtliche Ergebnisse des Quality-Function-Deployment-Prozesses werden im House of Quality festgehalten.

5 Risiken minimieren: Fehlermöglichkeits- und Einflussanalyse

Die folgende Abbildung veranschaulicht das House of Quality:

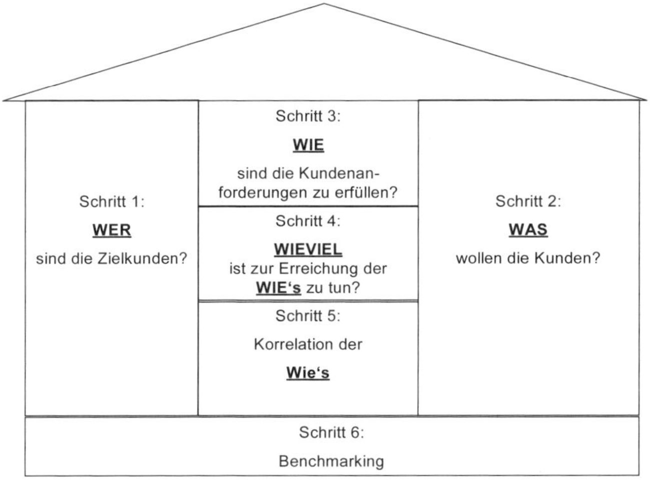

```
                Schritt 3:
                   WIE
                sind die Kundenan-
Schritt 1:      forderungen zu erfüllen?     Schritt 2:
   WER          Schritt 4:                      WAS
sind die          WIEVIEL                   wollen die Kunden?
Zielkunden?     ist zur Erreichung der
                  WIE's zu tun?
                Schritt 5:
                Korrelation der
                   Wie's

                Schritt 6:
                Benchmarking
```

Abbildung 5: House of Quality

Der Aufbau des House of Quality ist nicht fest vorgegeben, sondern entsprechend der Anwendungssituation in Ihrem Unternehmen zu modifizieren. Auf der Basis des House of Quality können Sie die Information und Kommunikation innerhalb des Unternehmens verbessern, Vergleiche mit Mitbewerbern durchführen und mögliche Verkaufsargumente schneller erkennen. Weitere Vorteile sind die Durchgängigkeit der Methode und das kundenanforderungsgerechte Angebot von Dienstleistungen.

5.4 Risiken minimieren: Fehlermöglichkeits- und Einflussanalyse

Die Fehlermöglichkeits- und Einflussanalyse (FMEA) ist ein gängiges und wirkungsvolles Instrument um präventiv Fehler zu vermeiden. Es wurde ursprünglich von der NASA entwickelt. Sämtliche die Qualitätsarbeit betreffenden Fehler werden erfasst und bewertet um daraus die Konsequenzen abzuleiten.

5 Toolbox: Dienstleistungen auf hohem Qualitätsniveau

Aufgaben und Ziele

Das Ziel der Fehlermöglichkeits- und Einflussanalyse ist mögliche Fehler bei Dienstleistungen und Prozessen frühzeitig zu erkennen und damit zu verhindern. Hinter der Fehlermöglichkeits- und Einflussanalyse stecken die folgenden Gedanken:

- Unentdeckte Fehler lassen sich nicht beseitigen.
- Das Verständnis eines Fehlers nimmt die Angst vor ihm.
- Noch wichtiger als die Fehlerfindung ist die Ermittlung von Ansatzpunkten zur Fehlerbeseitigung.

Die FMEA untersucht die folgenden Felder:

Was untersucht die Fehlermöglichkeits- und Einflussanalyse?	
	Antwort
Welche Fehler können auftreten, welches sind die Ursachen? Wie groß ist die Wahrscheinlichkeit, dass der Fehler auftritt? Wie groß ist die Wahrscheinlichkeit, dass der Fehler entdeckt wird? Wie groß kann der daraus resultierende Folgeschaden sein? Was muss getan werden um Risiken zu vermeiden?	

Vorgehensweise

Die Fehlermöglichkeits- und Einflussanalyse arbeitet mit Formblättern und läuft nach einer feststehenden Struktur ab. Dadurch wird die interne und externe Kommunikation formalisiert und gleichzeitig transparent dokumentiert. Die typischen Schritte der Fehlermöglichkeits- und Einflussanalyse sind:

- **Risikoanalyse:** Sie beschreibt potenzielle Fehlerquellen, Ursachen und Konsequenzen.
- **Risikobewertung:** Die Risikobewertung bedient sich einer dafür entwickelten Größe, der Risikoprioritätszahl. Die RPZ lässt sich aus der Multiplikation von der Auftretenswahrscheinlichkeit A, der Bedeutung der Auswirkung B und der Entdeckungswahrscheinlichkeit eines Fehlers E berechnen.

Risikoprioritätszahl RPZ = A x B x E

Dementsprechend sind Fehler mit hohen Risikoprioritätszahlen zuerst zu eliminieren, da ihr Auftreten wahrscheinlicher ist, ihre

Risiken minimieren: Fehlermöglichkeits- und Einflussanalyse 5

Auswirkungen gravierender sind und sie leichter entdeckt werden können und damit besonders offensichtlich sind. Das Unternehmen muss deshalb seine ganze Anstrengung in die Beseitigung dieser Mängel legen. Vergleichen Sie hierzu das folgende Formblatt „Fehlermöglichkeits- und Einflussanalyse".

- **Vermeidung der Fehlerursachen**:
  - Die Wahrscheinlichkeit des Auftretens wird reduziert.
  - Die Bedeutung des Fehlers verringert sich.
  - Die Wahrscheinlichkeit den Fehler zu entdecken erhöht sich.

  Vergleichen Sie auch hierzu das folgende Formblatt „Präventiv-Fehlermöglichkeits- und Einflussanalyse".

- **Beurteilung des Restrisikos**

Wenn die Fehlermöglichkeits- und Einflussanalyse nicht nur während laufender Prozesse, sondern als präventives Instrument für neue Prozesse eingesetzt wird, kann sie potenzielle Fehler, ihre Folgeschäden und Folgekosten vermeiden und damit das unternehmerische Potenzial wesentlich erhöhen. Gerade in der Dienstleistungsbranche ist diese Art der systematischen Qualitätsüberwachung eine Erfolg versprechende Methode.

Fehlermöglichkeits- und Einflussanalyse									Seite ... von ...
Beschreibung der Dienstleistung:			Nr.:			Verantw.:	Abt.:		
			Änderungsstand:			Firma:	Datum:		
Funktion/Aufgabe:			Änderungsstand:			Firma:	Datum:		
Fehler Nr.	Mögliche Fehlerfolgen	B	Möglicher Fehler	Mögliche Fehlerquellen	Vermeidungsmaßnahmen	A	Entdeckungsmaßnahmen	E	RPZ	V/T

B = Bewertungszahl für die Bedeutung
V = Verantwortlichkeit

A = Bewertungszahl für die Auftretenswahrscheinlichkeit
T = Termin für die Erledigung

E = Bewertungszahl für die Entdeckungswahrscheinlichkeit
Risikoprioritätszahl RPZ = A x B x E

5.5 Finden Sie die Ursache eines Problems: Fishbone-Analyse

Die Fishbone-Analyse wird nach ihrem Erscheinungsbild als Fischgräten-Diagramm oder nach ihrem Erfinder als Ishikawa-Diagramm oder einfach nur als Ursache-Wirkungs-Diagramm bezeichnet.

Aufgaben und Ziele

Das Ziel der Fishbone-Analyse lässt sich mit wenigen Worten formulieren: Sie will die Ursachen für ein konkretes Problem finden.

Vorgehensweise

Die Fishbone-Analyse arbeitet mit der grafischen Darstellung eines Problemlösungsprozesses, bei dem nach den primären Ursachen dieses Problems gesucht wird.
Wenn Sie eine Fishbone-Analyse durchführen, gehen Sie bitte in folgenden Schritten vor:

Schritt 1:

Formulieren Sie möglichst prägnant das zu lösende Problem und tragen Sie es am „Kopf des Fisches" ein. Im folgenden Beispiel eine zu teure Dienstleistung.

Schritt 2:

Im zweiten Schritt werden alle Faktoren gesammelt, die ein Qualitätsdefizit in der Dienstleistungserstellung verursachen können. Dabei sind die Hauptfehlerquellen meist bereits vordefiniert.

Schritt 3:

Filtern Sie aus diesem Ursachenkomplex für fehlerhafte Ergebnisse in Brainstorming-Sitzungen die genauen Ursachen heraus.

Schritt 4:

Stellen Sie anschließend die ermittelten Faktoren in dem Fishbone Diagramm dar. Die „Hauptgräten" bilden die zentralen Dimensionen, die auf die Problementstehung einwirken.

Das folgende Beispiel veranschaulicht ein Fishbone Diagramm:

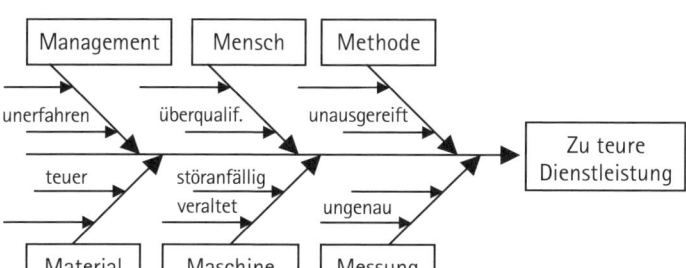

Abbildung 6: Fishbone Analyse

Die Fishbone-Analyse dient einer fundierten Problemanalyse.

5.6 Fehler gibt's nicht! Six Sigma

Six Sigma[29] ist eine unternehmensweite strategische Initiative mit der Zielsetzung Kosten zu reduzieren und den Umsatz zu erhöhen. Ende der achtziger Jahre wurde Six Sigma erstmals bei Motorola angewendet und breitete sich in den folgenden Jahren von USA nach Japan und Europa aus. Heute ist dieses Qualitätscontrolling in der ganzen Welt bekannt und wird von vielen Unternehmen angewendet.

In den vergangenen Jahren hat sich Six Sigma als ein pragmatischer Ansatz sowohl für kontinuierliche als auch für grundlegende Verbesserungen in Dienstleistungsunternehmen bewiesen.[30] Six Sigma ermöglicht den Unternehmen, ihre Geschäftsergebnisse zu verbessern, indem Routineaufgaben auf eine Art und Weise entwickelt und überwacht werden, dass die Verschwendung von Ressourcen minimiert wird, während gleichzeitig der Kundenzufriedenheit eine hohe Bedeutung zugemessen wird.

---

[29] Vgl. Magnusson, K./Kroslid, D./Bergman, B. (2004).
[30] Vgl. Magnusson, K./Kroslid, D./Bergman, B. (2004), S. 101.

Aufgaben und Ziele

Das Modell ist aus zwei Namen zusammengesetzt: Der griechische Buchstabe Sigma ist das Symbol und die Maßzahl für Prozessvariation. Sigma bezeichnet in der Statistik die Standardabweichung, d. h. die durchschnittliche Abweichung von einer Normalverteilung. Im zweiten Namensteil wird die technische Überlegung zugrunde gelegt, dass „Six Sigma" erreicht ist, wenn Prozesse eine Leistung von sechs Sigma erbringen. Dies ist dann gegeben, wenn für ein einzelnes Prozessmerkmal pro 1 Million Möglichkeiten auf lange Sicht nur 3,4 Fehler vorkommen.

Das Hauptziel des Six Sigma Messsystems besteht darin, quantifizierbare Größen für die Prozessleistung qualitätskritischer Merkmale zu ermitteln.

Beispiele aus dem Kundenservice:
- Erfassung der Anzahl der Klingelzeichen bzw. der Zeit bis zum Abheben des Telefonhörers
- Erfassung der Anzahl, wie oft ein Anrufer weitergeleitet wird, bis er den gewünschten Gesprächspartner bekommen hat
- Erfassung der Dauer des Telefongespräches

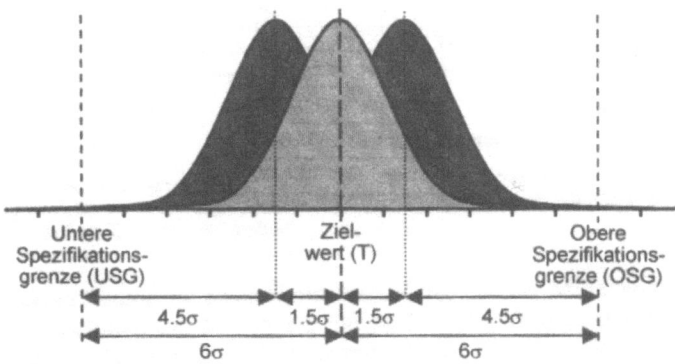

Abbildung 7: Six Sigma Modell

Die hellgraue Verteilung im Six Sigma Modell stellt ein Dienstleistungsmerkmal dar, das um den Zielwert herum positioniert ist. Bei Kurzzeitmessungen zeigt sich, dass sich im Zeitverlauf der Mittelwert ändert. Diese Veränderung wird gewöhnlich auf maximal 1,5 Standardabweichungen festgesetzt und durch die dunkelgrauen Flächen dargestellt.

Alle Langzeitmessungen zu Six Sigma beinhalten die Annahme, dass technisch gesehen 6,0 Sigma einer Rate von 3,4 Defects per Million Opportunities (DPMO) entsprechen. Das Ziel von 3,4 Fehlern ist für die meisten Unternehmen unerreichbar. Weltweit haben sich Six Sigma Unternehmen daher hinsichtlich der qualitätskritischen Merkmale eine Verbesserungsrate von 50 Prozent gegenüber dem Vorjahr vorgenommen. Praktisch bedeutet dies, z. B. die Anzahl von Beschwerden oder Lieferverspätungen pro Jahr um 50 % zu reduzieren.[31]

Die Abbildung verdeutlicht, wie hoch die Ansprüche von Six Sigma in Bezug auf Zielabweichungen sind. Da jede Zielabweichung unnötige Kosten verursacht und die Qualität des gesamten Unternehmens herabsetzt, nutzt Six Sigma statistische Verfahren und die Qualitätsmanagement-Werkzeuge, um dieser Gefahr entgegenzuwirken. Das Spektrum innerhalb der Spezifikationsgrenzen wird mit hoher Sorgfalt behandelt.

Ein „Ausbrechen" von Merkmalen über diese Grenzen bedeutet bereits das Versagen der Six Sigma Umsetzung, da aus Sicht der Verfechter dieser Strategie vorab versäumt wurde, durch entsprechende Qualitätssicherungs- und Controllingmaßnahmen dieser Tatsache entgegenzusteuern.

Nicht nur die Prozessgenauigkeit und damit Vorhersagbarkeit ist die Primärdisziplin von Six Sigma, sondern auch die Prozesskontrolle. Hiermit ist deutlich geworden, dass Six Sigma auf den Einsatz statistischer Methoden aufgebaut ist. Kundenerwartungen an die Dienstleistungsqualität werden in Zahlen übersetzt und konsequent kontrolliert.

---

[31] Vgl. Magnusson, K./Kroslid, D./Bergman, B. (2004).

5 Toolbox: Dienstleistungen auf hohem Qualitätsniveau

Vorgehensweise

Die Anwendung von Six Sigma beginnt meist damit Verbesserungspotenziale hinsichtlich der Kunden zu diskutieren, anstatt sich sofort mit der internen Prozessleistung und mit Kosteneinsparungen zu beschäftigen. Daraus ergibt sich für Dienstleistungen die folgende Herangehensweise:
1. Identifizieren
2. Charakterisieren
3. Optimieren
4. Institutionalisieren

Arbeiten Sie mit Kundendaten und stellen Sie sicher, dass Sie kundenkritische Merkmale identifiziert und als für Ihr Unternehmen qualitätskritische Merkmale aufgenommen haben. Für Dienstleistungen ist wichtig herauszufinden, was qualitätskritische Merkmale sind. Vorteilhaft wirkt sich aus, dass bei der Erbringung von Dienstleistungen in den meisten Fällen der direkte Kundenkontakt gegeben ist. Die für die Kunden kritischen Merkmale sind somit einfacher zu identifizieren.

Im Laufe der Zeit haben sich einige allgemeine für Dienstleistungen kritische Merkmale herausgebildet:
- Verfügbarkeit,
- Pünktlichkeit,
- Richtigkeit der übermittelten Informationen,
- Effizienz von Nacharbeiten,
- Reaktion auf Kundenbeschwerden,
- Fähigkeit zu helfen,
- Wertschätzung des Kunden,
- fachlich topqualifizierte Mitarbeiter.

Im ersten Schritt „Identifizieren" geht es also darum, die Schlüssel-Dienstleistungen eines Unternehmens zu erkennen und Schwerpunkte zu setzen.

Im darauffolgenden Schritt, der Charakterisierung, steht die Messung und Analyse des aktuellen Niveaus der Dienstleistungsqualität im Mittelpunkt. Diese Analyse der Dienstleistungsqualität bildet den Ausgangspunkt für den nächsten Schritt, der Optimierung.

Fehler gibt's nicht! Six Sigma — 5

Ziel der Optimierung ist es, radikale Verbesserungen zu erreichen. Somit stellt Six Sigma eine starke Verbindung zwischen den Kunden und den internen Prozessen und Dienstleistungen eines Unternehmens dar und ist gleichzeitig ein Mittel, radikale Verbesserungen zu realisieren.

In der letzten Phase schließlich, der Institutionalisierung, gilt es die neuen Abläufe zu standardisieren und in das tägliche Handeln zu integrieren.

Damit sich Six Sigma als Erfolg versprechendes Modell im Unternehmen institutionalisieren lässt, sind die folgenden Prämissen zu erfüllen:

- Six Sigma darf von den Mitarbeitern im Unternehmen nicht als „abgehobene Philosophie" empfunden werden, da dies emotionale Blockaden hervorruft, die nach Einführung der Strategie nur schwierig abzubauen sind.
- Im Unternehmen sollte eine Motivation spürbar sein, vor allem im Qualitätsmanagement, das als Bindeglied aller Ebenen fungieren sollte.
- Ergänzend zur Motivation der Mitarbeiter sollte ein hohes Maß an Disziplin bei der Durchführung der eigenen Arbeit herrschen, damit bereits in kleinen Dimensionen Fehler reduziert werden.
- Organisation bedeutet auch Koordination und Kontrolle der Six Sigma Einheiten, damit deren individuelle Bestrebungen zusammenhängende Ergebnisse für die Produkt- bzw. Prozessverbesserungen liefern und keinen destruktiven Charakter haben.
- Trotz des starken Einsatzes statistischer Verfahren ist es zu vermeiden, sich in „Datensphären zu verrennen", da so die eigentliche Intention der Anwendung vergessen wird.
- Six Sigma verlangt die perfekte Beherrschung der Qualitätsmanagement-Werkzeuge.
- Spezielle Ausbildungsprogramme müssen garantieren, dass die Six Sigma Techniken beherrscht werden.
- Die Erfolgsmöglichkeiten durch Six Sigma dürfen nicht durch Ungeduld der Unternehmensleitung gehemmt werden, sondern müssen als langfristiges Instrumentarium angesehen werden, dessen Stabilität den vorab geleisteten Einsatz rechtfertigt.

5 Toolbox: Dienstleistungen auf hohem Qualitätsniveau

Die Einführung von Six Sigma bedeutet für viele Unternehmen also einen grundlegenden Wertewandel. Während in einer klassischen Organisation Probleme in der Dienstleistungsqualität meist nur beseitigt werden, versucht ein auf die Six Sigma Philosophie ausgerichtetes Unternehmen, die Probleme zu vermeiden. Die Devise bei Six Sigma lautet: Proaktives Handeln anstatt Vermeidung, Fokussierung auf den Mitarbeiter und dessen Motivation und Zufriedenheit.

6 Toolbox: Ihre Mitarbeiter in Höchstform bringen

Im Zusammenhang mit Dienstleistungen ist der Mensch der wertvollste und sensibelste Leistungsfaktor. Der Mensch ist die eigentliche Quelle für die Wertschöpfung bei Dienstleistungen. Outputgrößen im Personalbereich zu messen ist mit besonderen Problemen verbunden.

Das Personalcontrolling weist daher eine Reihe von Besonderheiten auf, die in den Charakteristika des „Faktors" Mensch begründet liegen.[32] Der Erfolg der Personalarbeit äußert sich nämlich nicht nur in ökonomischen Dimensionen, sondern auch in Verhaltenskriterien und qualitativen Leistungsfaktoren. Dazu gehören z. B. die Motivation und die Zufriedenheit der Mitarbeiter.

Diese Leistungsfaktoren sind einer Bewertung nach klassischen Rentabilitäts- und Wirtschaftlichkeitskriterien kaum zugänglich. Ebenso schwer lassen sich die sozialen Wirkungen personalbezogener Entscheidungen wie beispielsweise Entlassungen oder Restrukturierungen erfassen. Daher muss das Personalcontrolling in besonderem Maße qualitativen Aspekten Rechnung tragen.

Eine wesentliche Aufgabe des Personalcontrollings liegt darin die Personalplanung mit der Unternehmensplanung zu koordinieren. Ein weiteres Aufgabenfeld bezieht sich auf Funktionsbereiche wie die Vertriebs- und Kundenserviceplanung, die Investitions- und Finanzplanung, die Forschungs-, Entwicklungs-, Beschaffungs-, Fertigungs- und Absatzplanung.

In diesen Planungen muss der Mitarbeiter berücksichtigt werden, umgekehrt muss sich aber auch die Personalplanung an den anderen Bereiche orientieren.

---

[32] Zum Folgenden vgl. Brüsselbach, M./Hilz, C. (2004).

6 Toolbox: Ihre Mitarbeiter in Höchstform bringen

> **Ein zentraler Grundsatz des Personalcontrollings:**
> Das Personalcontrolling muss die Personalarbeit an den Unternehmenszielen ausrichten, aus Sicht der Unternehmensziele bewerten sowie gegebenenfalls mit konkurrierenden Zielen abstimmen.

Grundsätzlich kann diese Aufgabe nur in Abhängigkeit von den jeweiligen Unternehmenszielen formuliert werden. Da in den meisten Unternehmen jedoch Erfolgszielen maßgebliche Bedeutung zukommt, erfordert die Ausrichtung der Personalarbeit im Regelfall, dass sie nach ökonomischen Größen gesteuert und bewertet wird. Allerdings muss auch dafür gesorgt werden, dass in den anderen Bereichen personalbezogene und soziale Ziele beachtet werden.

Das Personalcontrolling hat in besonderem Maße strategischen Aspekten Rechnung zu tragen. Die Mitwirkung an der strategischen Personalarbeit – dazu gehört auch Anpassungsstrategien auf Umweltänderungen im Personalbereich zu erarbeiten – erfordert eine Abstimmung mit den Strategien des Gesamtunternehmens.

Eine weitere Aufgabe des Personalcontrollings liegt in der Koordination der
- Personalbedarfs-,
- Personalbeschaffungs-,
- Personalentwicklungs-,
- Personaleinsatz- und
- Personalfreisetzungsplanung.

Die bereichsbezogene Koordination des Personalcontrollings erfordert auch die Berücksichtigung der Interdependenzen zwischen Planungs-, Kontroll- und Informationssystem sowie der Organisation und der Personalführung im Personalbereich.

Die spezifische Aufgabe des Personalcontrollings liegt dabei weder in der Erfüllung der Einzelaufgaben, wie beispielsweise der Personalbeschaffung oder -entwicklung, noch in ihrer isolierten Planung, sondern vielmehr in deren Koordination. Hierzu hat das Personalcontrolling geeignete Methoden bereitzustellen, welche beispielsweise gewährleisten, dass die Planung mit den notwendigen Informationen versorgt wird.

Die Instrumente des Personalcontrollings liefern Informationen, die zwar oftmals auch für Planungszwecke verwendet werden können, ihr Fokus liegt jedoch nicht im Planungssystem. Sie sind dann Controllinginstrumente, wenn sie zwischen verschiedenen Planungsbereichen koordinieren. Im Rahmen des Personalcontrollings sind zwei Instrumente näher zu untersuchen:

Personalszenarien befassen sich mit den Auswirkungen zukünftiger – beispielsweise gesellschaftlicher oder technologischer – Veränderungen in den Rahmenbedingungen, die Einfluss auf die Personalarbeit haben können. In Abhängigkeit von alternativen plausiblen Zukunftsbildern werden Entwicklungspfade entworfen, welche den möglichen Ereignissen entsprechende Präventiv- und Reaktionsstrategien umfassen.

Durch ihre ganzheitliche Problemsicht koordinieren Personalszenarien zwischen verschiedenen Teilbereichen der Personal- sowie nötigenfalls der Unternehmensplanung. Die Berücksichtigung externer Rahmenbedingungen dient ferner der Koordination mit der Unternehmensumwelt, entspricht also der Anpassungs- und Innovationsfunktion des Controllings. Der Szenario-Technik wird eine besondere Eignung für die Früherkennung zugesprochen.

Als Früherkennungsinstrumente können auch Personalportfolios eingesetzt werden. In Analogie zur Portfoliomethode der strategischen Unternehmensplanung werden in Personalportfolios Mitarbeiter und/oder Mitarbeitergruppen anhand einer meist zweidimensionalen Matrix eingeordnet und verdichtet.

Neben dem so ermittelten Ist-Portfolio wird ein Ziel-Portfolio aufgestellt, das die angestrebten zukünftigen Ausprägungen der betrachteten Dimensionen für die einzelnen Mitarbeiter abbildet. Aufgrund der Differenzen zwischen Ist- und Ziel-Portfolio werden entsprechende Strategien formuliert.

Personalportfolios können sowohl zwischen Personal- und Unternehmensplanung koordinieren als auch zwischen verschiedenen Bereichen der Personalplanung, beispielsweise zwischen Personalbedarfs- und Personalentwicklungsplanung.

Checkliste: Personalbedarfslücken erfassen	
	Antwort
Welches sind die zukünftigen Schlüsselqualifikationen zur Erfüllung einer hohen Dienstleistungsqualität?	
Wie verändert sich der quantitative Bedarf?	
Wie verändern sich die qualitativen Anforderungen?	
Welche Veränderungen sind langfristig zu erwarten, z. B. Austritte, Pensionierungen etc.?	

6.1 Die Qualifikation der Mitarbeiter ausbauen: Personalentwicklung

Mit einem Personalentwicklungskonzept sind die Voraussetzungen für eine systematische Förderung und Entwicklung der Mitarbeiter im Unternehmen zu schaffen. Um eine hohe Dienstleistungsqualität zu erreichen ist eine systematische Personalentwicklung unerlässlich.

Aufgaben und Ziele

Hinter der Idee der Personalentwicklung[33] steckt der Gedanke, im Unternehmen dafür zu sorgen, dass die Qualifikation der Mitarbeiter erhalten und ausgebaut wird. Das Konzept der Personalentwicklung besagt, dass Menschen lebenslang lern- und entwicklungsfähig sind. Personalentwicklung ist dabei deutlich mehr als bloße Weiterbildung oder Seminare zu veranstalten.
Damit Personalentwicklung im Unternehmen sinnvoll, d. h. für das Unternehmen und für die Mitarbeiter fruchtbar und gewinnbringend durchgeführt werden kann, bedarf es einer ausführlichen strategischen Planung. Personalentwicklung ist dabei kein Wert an sich und findet nicht losgelöst vom Unternehmen statt.

---

[33] Zum Folgenden vgl. Haubrock, A. (2004), Haubrock, A. (2001).

6 Die Qualifikation der Mitarbeiter ausbauen: Personalentwicklung

Vielmehr gilt: Personalentwicklung macht nur in Verbindung mit der Gesamtstrategie des Unternehmens Sinn. Bevor die Strategie der Personalentwicklung entworfen werden kann, steht daher die Klärung der grundsätzlichen Unternehmensstrategie im Vordergrund.

- Definition der Ziele des Unternehmens: Leitsätze/Philosophie, wirtschaftliche Zielsetzungen, Führungsgrundsätze und Verhaltensspielregeln.
- Abgrenzung und Festschreiben von einzelnen Verantwortungsbereichen: Organigramme, Stellenbeschreibungen und Anforderungsprofile.
- Laufbahn- und Karrierepläne: Einarbeitungsrichtlinien, Linienlaufbahnen, Fachlaufbahnen.
- Weiterbildungs- und Trainingsmaßnahmen: on the job/während der Arbeit, near the job/neben der Arbeit im Unternehmen, off the job/außerhalb des Unternehmens.
- Verschiedene betriebliche Informationssysteme: schwarzes Brett, Betriebszeitungen, Rundschreiben.
- Mitarbeitergespräche und -beurteilungen, systematische Methoden der Personalauswahl, Mitarbeiterbefragungen, Arbeits- und Projektgruppen, Gesprächsrunden, betriebliches Vorschlagswesen.

Eine der tragenden Aufgaben der Personalentwicklung ist es, die Entwicklung von Mitarbeitern im Unternehmen zu ermöglichen, zu organisieren, zu strukturieren und für lebenslanges Lernen zu sorgen. Damit Lernen im Unternehmen stattfinden kann, müssen Voraussetzungen geschaffen werden.

Checkliste: Prüfen Sie die Voraussetzungen einer Lernatmosphäre im Unternehmen	
	ja/nein
Sind Entwicklung und Lernen zur offiziellen Politik im Unternehmen erhoben worden?	
Stellt die Unternehmensleitung neben finanziellen Mitteln auch weitere Ressourcen, z. B. Arbeitszeit, Räume, Material für Personalentwicklung zur Verfügung?	
Sind ungestörte Lernzeiten für die Mitarbeiter vorhanden?	

Ist die Erprobung von Gelerntem möglich?
Gibt es Zeiten, in den Lern- und Entwicklungsprozesse reflektiert werden?
Gibt es eine Rückmeldung an die Lernenden seitens der Unternehmensführung?
Übernehmen Führungskräfte Aufgaben im Lern- und Entwicklungsprozess?
Stehen vielfältige Lernmethoden zur Auswahl, damit jeder Lerninteressierte die für ihn passende Lernform finden kann?

Mithilfe der Personalentwicklung erreichen die Unternehmen langfristig, dass geeignete Fach- und Führungskräfte zur Verfügung stehen. Die Mitarbeiter werden in ihrer Handlungskompetenz gefördert, die sich zusammensetzt aus:

- sozialer Kompetenz, die sie z. B. befähigt, wirksam zusammenzuarbeiten und zu kommunizieren, effizient mit Konflikten umzugehen und auch stets kundenorientiert zu handeln,
- fachlicher Kompetenz, die sich insbesondere auf fachliche Fähigkeiten, Fertigkeiten und Kenntnisse für berufliche Aufgaben bezieht,
- methodischer Kompetenz, bei der es sich z. B. um die Fähigkeit handelt, zur Lösung von Kundenproblemen Informationen zu beschaffen und zu verwenden oder Lösungen für neue Probleme eigenständig zu finden.

Es ist empfehlenswert Mitarbeiter als Träger der Personalentwicklung anzusehen. Sie sollten sich aktiv mit dem Thema Personalentwicklung befassen und Qualifizierungen eigenständig anstreben.

Ziel sollte es sein, nicht einzelne Seminare zu evaluieren, sondern Veränderungsprozesse in der Organisation als Gesamtes zu beurteilen. In der Personalentwicklung wird es auch weiterhin das Segment der fachlichen Weiterbildungsveranstaltungen geben, die auf einen ausschließlich individuellen Bedarf einzelner Mitarbeiter hin angeboten werden. Gemeint sind z. B. spezielle EDV-Kurse oder Sprachkurse für Mitarbeiter mit speziellem Qualifizierungsbedarf, der nicht

Die Qualifikation der Mitarbeiter ausbauen: Personalentwicklung

das Zusammenwirken von Mitarbeitern umfasst und dem meist mit Seminarentsendungen zu externen Anbietern nachgekommen wird. Relevant – auch hinsichtlich der Kosten – sind allerdings vor allem die vielfältigen Personalentwicklungsmaßnahmen, die eine hohe Dienstleistungsqualität im verhaltensbezogenen Bereich sicherstellen sollen. Nur Veränderungen im Praxisfeld entscheiden über den Nutzen vieler Maßnahmen. Ein Beispiel: Es ist relativ nutzlos ein Moderatorentraining für Gruppenleiter zu veranstalten, wenn die Teamarbeit an sich noch nicht von den Mitarbeitern akzeptiert wurde.

Es wird für die Personalentwickler immer wichtiger ihren Beitrag zur Erreichung der Unternehmensziele und zur zukünftigen Unternehmensentwicklung nachzuweisen.

Checkliste: Bestandsaufnahme Personalentwicklung	
	ja/nein
Ist die Personalentwicklung an den strategischen Unternehmenszielen ausgerichtet?	
Ist die Personalentwicklung darauf ausgerichtet eine hohe Dienstleistungsqualität zu erreichen?	
Wird in der Personalentwicklungsarbeit sichergestellt, dass sie sich in der Qualität nicht an dem Durchschnittsniveau orientiert, sondern Merkmale der Einzigartigkeit aufweist?	
Gibt es ein System zur Überprüfung des Erfolges der durchgeführten Veränderungsmaßnahmen?	
Wird für einzelne Mitarbeiter regelmäßig ermittelt, ob die Notwendigkeit der Weiterentwicklung besteht?	
Gibt es ein System der Mittelerfassung und Mittelverwendung, das sicherstellt, dass die jeweils angestrebten Ergebnisse auf dem kostengünstigsten Weg erzielt werden?	

In mittelständischen Unternehmen tritt häufig die Frage auf, wie das Lernen der Mitarbeiter am besten zu organisieren ist. Sicherlich besteht kein Mangel an externen Lern- und Weiterbildungsangeboten. Doch wie wird das Gelernte in das Unternehmen gebracht und wie kann Lernen und Weiterlernen auch im Unternehmen erfolgen? Im Folgenden werden wesentliche Kennzeichen einer effizienten Personalentwicklung, die eine hohe Dienstleistungsqualität sicherstellen, vorgestellt:

- **Problemorientierung**
  Es ist wichtig, sich im Rahmen der Personalentwicklung mit einer Herausforderung im Unternehmen zu beschäftigen und nicht nur mit einzelnen Seminarthemen, eventuell an der betrieblichen Problemstellung vorbei. Ein Beispiel: Wenn ein Unternehmensziel ein effizienteres Beschwerdemanagement ist, ist es notwendig die Mitarbeiter vorher einzubinden bzw. zu informieren. Ansonsten können sich Schwierigkeiten ergeben, die vermeidbar gewesen wären.

- **Problemorientierte Bedarfsanalyse**
  Es ist eine Bedarfsanalyse für derzeitige und zukunftsbezogene Unternehmensziele durchzuführen. Dabei geht es nicht nur um Probleme einzelner Mitarbeiter am Arbeitsplatz, sondern um die Lösung von Schwierigkeiten mehrerer Mitarbeiter in einer bestimmten Situation.

- **Teamorientierung**
  Teamarbeit erhöht die Motivation und Verantwortung der Mitarbeiter. Mehr Verantwortung der Mitarbeiter führt zu einem Zugehörigkeitsgefühl. Der Einzelne setzt sich stärker für das Unternehmen ein. Zudem bringen die Mitglieder eines Teams oft Verbesserungsvorschläge ein.

- **Arbeitsplatznahe Entwicklungsmaßnahmen**
  Hierbei geht es um eine bessere Nutzung unternehmensinterner Lehr- und Lernressourcen für die Unternehmensentwicklung, wie z. B. Projektarbeit oder Lernpartnerschaften.

- **Empowerment und neue Karrierewege**
  Mitarbeiter bekommen immer wieder neue, verschiedene Aufgabenstellungen, d. h. die Mitarbeiter wechseln ihre Position auf der gleichen Hierarchieebene. Auch funktionsübergreifende Wechsel verbunden mit höheren Lernanforderungen werden immer wichtiger. Dies bringt einen Zugewinn an Erfahrungen

Die Qualifikation der Mitarbeiter ausbauen: Personalentwicklung 6

und Kompetenzen auf der jeweiligen Ebene und Einsatzflexibilität auf der Organisationsebene. Das Empowerment der Mitarbeiter dient als Motor der Unternehmensentwicklung.

Vorgehensweise

Nachdem ein Unternehmen die Inhalte der Personalentwicklung festgelegt hat, geht es um die praktische Durchführung. Im Folgenden wird dies am Beispiel der Fortbildung gezeigt.
Die Fortbildung soll dem Unternehmen in erster Linie einen wirtschaftlichen Nutzen bringen. Deshalb ist es wichtig, zunächst zu analysieren, welcher Personalentwicklungsbedarf im Unternehmen besteht.
Dies kann in vier Schritten erfolgen:

Schritt 1:
Ermitteln Sie die Anforderungen, die an einen Mitarbeiter zur Bewältigung einer bestimmten Aufgabe gestellt werden. Die Anforderungen beziehen sich z. B. auf
- Arbeitsleistung
- Arbeitsverhalten
- Zusammenarbeit
- unternehmerisches Handeln
- Führungsverhalten

Schritt 2:
Ermitteln Sie die Mitarbeiterqualifikation. Quellen dafür sind:
- Potenzialbeurteilung
- Personalakte
- Personalstammkartei
- Personalinformationssystem
- Mitarbeiterbefragung
- Vorgesetztenbefragung
- Tests, z. B. Assessment-Center

Schritt 3:
Ermitteln Sie die Mitarbeiterinteressen. Eine Fortbildung wird nur dann erfolgreich sein, wenn sich der Mitarbeiter mit der Maßnahme

identifizieren kann. Der Mitarbeiter muss aktiv an der Fortbildung mitwirken. Um dies zu erreichen, sind die Interessen des Mitarbeiters und des Unternehmens in Einklang zu bringen.

Schritt 4:

Stellen Sie den Fortbildungsbedarf fest. Erstellen Sie dazu ein Anforderungs- und Qualifikationsprofil, aus dem hervorgeht, wie die Anforderungen an den Mitarbeiter aussehen und über welche Qualifikation der Mitarbeiter bereits verfügt. Die Lücke zwischen den an den Mitarbeiter gestellten Anforderungen und der aktuellen Qualifikation ergibt den Fortbildungsbedarf.

Ist der Fortbildungsbedarf ermittelt, leiten Sie den nächsten Schritt ein, nämlich den Fortbildungsbedarf zu decken. Ermitteln Sie, ob die Fortbildung intern, d. h. im Unternehmen selbst durchgeführt werden kann, oder ob es sinnvoll ist, sie außerhalb des Unternehmens durchzuführen.

6.2 Welche Anreize aktivieren und stabilisieren die Mitarbeitermotivation?

Motivation ist die Bereitschaft, eine besondere Anstrengung auszuüben um die Organisationsziele zu erfüllen, wobei es die Anstrengung ermöglicht individuelle Bedürfnisse zu befriedigen.

Aufgaben und Ziele

Im Rahmen des Dienstleistungscontrollings ist die Frage zu diskutieren, welche Anreize gegeben sein müssen, damit die Motivation im Arbeitsbereich aktiviert und stabilisiert werden kann.

Vorgehensweise

Wer handeln will, muss motiviert sein und Motivation braucht Ziele. Die Inhalte der Ziele sagen, um was es geht und was erreicht werden soll. Wenn die Ziele erstrebenswert erscheinen, entsteht Motivation. Wenn Sie Ihre Mitarbeiter motivieren wollen, müssen

Sie also erstrebenswerte Ziele am besten gemeinsam mit den Mitarbeitern festlegen. Dabei ist wichtig: Die Ziele müssen eindeutig formuliert, die Vorteile der Zielerreichung für die Mitarbeiter erkennbar und die Ziele müssen erreichbar sein. Die Belohnung muss die Anstrengung zur Erreichung der Ziele wert sein. Wichtig ist auch regelmäßig zu überprüfen, ob die Ziele erreicht worden sind.

Um Erfolg und Leistung wirklich messen und nachhaltig stimulieren zu können, muss die Aufmerksamkeit der Mitarbeiter auf die für die Kunden wichtigen Ergebnisse gerichtet sein. Dafür ist es entscheidend, angemessene Leistungsziele zu setzen.

Ziele sind „smart" zu formulieren:

- spezifisch: Definieren Sie eindeutig und klar, was erreicht werden soll.
- messbar: Legen Sie fest, welche Bedingungen erfüllt sein müssen, damit die Ziele erreicht sind.
- anspruchsvoll: Formulieren Sie anspruchsvolle Ziele, die inspirieren und herausfordern.
- realistisch: Legen Sie die Ziele realistisch fest, d. h. setzen Sie keine Ziele, die von den Mitarbeitern mit den vorhandenen Mitteln nicht erreicht werden können.
- terminiert: Legen Sie die Termine für Arbeitsbeginn, Meilensteine und Kontrollpunkte fest.

> **Hierzu ein Beispiel:**
> Für einen Hochspringer wäre es inadäquat und ohne große Anreizwirkung, würde man ihm die Latte auf 2,00 Meter legen, wenn er regelmäßig zwischen 2,35 und 2,40 Meter springt. Ein zu leicht erreichbares Ziel sporrt nicht zur Höchstleistung an, aber auch eine auf 2,60 Meter liegende Latte würde die Reserven des Hochspringers kaum mobilisieren, wenn es sich hierbei um ein unerreichbares Ziel handelt.

Die Ziele sollten mit einem Feedback verbunden sein. Der Schreiner sieht, wenn der Einbauschrank fertig ist. Entscheidend ist in der heutigen Zeit aber nicht das Produkt an sich, sondern der Abgleich mit der Erwartungshaltung des Kunden. Daher ist es wichtig, dass der Schreiner und seine Mitarbeiter von dem Kunden erfahren, ob die Lösung mit dem Einbauschrank im Schlafzimmer die Erwartungshaltung des Kunden voll und ganz erfüllt hat. Ein Feedback des Kunden, dass die angebotene Lösung mit dem Einbauschrank die Erwartungen voll und ganz erfüllt und darüber hinaus noch kreativ und einzigartig ist, motiviert die beteiligten Mitarbeiter. Nur mit einem Feedback ist gewährleistet, dass sich Erfolgserlebnisse einstellen oder im Fall des Misserfolgs eine Korrektur des zielgerichteten Verhaltens vorgenommen werden kann.

Checkliste: Kriterien für wirkungsvolle Motivation	
	ja/nein
Sind die Ziele eindeutig formuliert?	
Ist die Belohnung klar formuliert?	
Sind die Ziele mit einem angemessenen Aufwand erreichbar?	
Ist die Belohnung ausreichend?	
Wird die Zielerreichung auch kontrolliert?	
Gibt es ein Feedback nach Teilaufgaben?	

6.3 Mitarbeiterzufriedenheit führt zu Kundenzufriedenheit

Kurz und bündig: Unzufriedene Mitarbeiter sind nicht leistungsfähig. Folglich entspricht auch die Qualität der Dienstleistung nicht den Wünschen der Kunden, die ihrerseits unzufrieden sind. Soweit das „Negativpanorama" – aber: Sind Ihre Mitarbeiter zufrieden, sind es voraussichtlich auch Ihre Kunden.

Aufgaben und Ziele

Was sich im Sport zeigt, gilt auch für die Wirtschaft: Erfolge werden in den Köpfen errungen.[34] Siege sind das sichtbare Ergebnis innerer Einstellungen. Diese Tatsache wird in der Praxis oft vernachlässigt.

---
[34] Nagl, A. (1997), S. 277.

Wo auf die Bewusstseinslage, wo auf das innere Wohlbefinden der Mitarbeiter nur wenig Wert gelegt wird, ist auch die Kundenorientierung nur schwer durchzusetzen.

Vorgehensweise

Einen entscheidenden Einfluss auf die Mitarbeiterzufriedenheit hat die Atmosphäre, die in ihrem beruflichen Umfeld herrscht. Die folgenden Tipps helfen Ihnen dabei Voraussetzungen zu gestalten, die dazu beitragen, eine gute Atmosphäre im Unternehmen zu schaffen:

- Geben Sie Ihren Mitarbeitern persönliche Anerkennung. Sorgen Sie dafür, dass Ihre Mitarbeiter Aufgaben haben, mit denen sie sich identifizieren können.
- Gestalten Sie Besprechungen effizient und lassen Sie nicht zu, dass Besprechungen schlecht vorbereitet sind und ohne Ergebnisse und Aufgaben enden.
- Suchen Sie regelmäßig den Kontakt zu Ihren Mitarbeitern sowie das Gespräch unter vier Augen. Sprechen Sie dabei nicht negativ über andere Personen.
- Versuchen Sie die Familien Ihrer Mitarbeiter als Verbündete zu gewinnen.

Checkliste: Stellen Sie Ihre Mitarbeiterorientierung auf den Prüfstand	
	ja/nein
Haben Sie in Ihrem Unternehmen eine Atmosphäre geschaffen, bei der die Mitarbeiter bereit sind, freiwillig Topleistungen zu erbringen und Spaß an ihrer Arbeit zu haben?	
Haben Sie in Ihrem Unternehmen eine Atmosphäre geschaffen, in der das Angebot einer hohen Dienstleistungsqualität oberstes Ziel ist?	
Haben Sie in Ihrem Unternehmen eine Atmosphäre geschaffen, bei der Arbeiten Zufriedenheit mit sich bringt?	
Haben Sie in Ihrem Unternehmen eine Atmosphäre geschaffen, in der es sich lohnt, Verantwortung zu übernehmen und Ideen und Vorstellungen weiterzugeben?	

6 Toolbox: Ihre Mitarbeiter in Höchstform bringen

Haben Sie in Ihrem Unternehmen eine Atmosphäre geschaffen, in der kreatives und intellektuelles Potenzial freigesetzt wird?	
Haben Sie in Ihrem Unternehmen eine Atmosphäre geschaffen, in der Ängste abgebaut werden?	

Mitarbeiterzufriedenheit führt zu Kundenzufriedenheit!

Eine hohe Qualität der angebotenen Dienstleistungen kann nur mit Mitarbeitern erreicht werden, die sich für ihre Arbeit engagieren, weil sie gut geführt werden und deshalb auch selbst zufrieden sind. Die Erkenntnis ist eindeutig: Die Bereitschaft von Mitarbeitern sich für andere, nämlich die Kunden einzusetzen, hängt davon ab, inwieweit ihre eigene Arbeits- und Führungssituation so gestaltet ist, dass sie selbst keine großen Defizite verspüren. Denn wer mit sich selbst beschäftigt ist und Probleme hat, ist kaum bereit und in der Lage, sich mit den Anforderungen, Erwartungen und Problemen anderer, nämlich der Kunden, auseinander zu setzen.

7 Toolbox: Zufriedene Kunden steigern den Umsatz

Zu Beginn des Buches wurde wirtschaftlicher Wettbewerb als ein Ausleseprozess definiert. Diesen werden langfristig nur die Unternehmen erfolgreich meistern, die sich durch überlegene und schwer nachahmbare Dienstleistungen von der Konkurrenz unterscheiden. Damit der Kunde Ihre Dienstleistung bevorzugt, muss er mindestens zufrieden sein.

Der Zustand der Zufriedenheit wird sich dann bei Ihrem Kunden einstellen, wenn er eine Leistung erlebt, die seinen Ansprüchen entspricht und folglich seine Erwartungen an das Unternehmen bestätigt oder sogar übertrifft. Kurz gesagt: Qualität ist erst dann erzielt, wenn Ihre Kunden zumindest zufrieden oder, noch besser, begeistert sind.

Eine hohe Dienstleistungsqualität führt zu einer hohen Kundenzufriedenheit und sollte dazu beitragen die Kunden an Ihr Unternehmen zu binden.

Man kann drei Zufriedenheitsstufen unterscheiden:

1. Wenn der Kunde mehr erhält, als er erwartet hat, wenn seine Erwartungen durch den Anbieter übertroffen werden, spricht man von vollkommen zufriedenen, sehr zufriedenen bzw. überzeugten Kunden. Diese werden Ihnen Ihre Anstrengungen durch ein positives Verhalten hinsichtlich Wiederkauf und Weiterempfehlung danken.
2. Ein zufriedener Kunde hat in etwa das erhalten, was er wollte. Seine Erwartungen wurden erfüllt, jedoch nicht übertroffen.
3. Auf der untersten Stufe der Zufriedenheitsskala finden Sie schließlich die enttäuschten Kunden. Sie haben weniger bekommen, als sie erwartet haben und sind deshalb mit dem Anbieter weniger zufrieden bzw. unzufrieden. Sie werden sich weder zu einem Wiederkauf noch zu positiven Weiterempfehlungen be-

7 Toolbox: Zufriedene Kunden steigern den Umsatz

wegen lassen. Sie werden vielmehr negative Mund-zu-Mund-Propaganda betreiben und der Reputation des Unternehmens Schaden zufügen. Im besten Falle entscheiden sie sich noch zu einer Beschwerde. Dies räumt dem Unternehmen zumindest die Möglichkeit zur Nachbesserung bzw. zur Kompensation ein und gestattet den Verantwortlichen, aus der artikulierten Unzufriedenheit Lehren für die Zukunft zu ziehen.

Der Kunde erhält mehr als er erwartet		Der Kunde erhält in etwa das, was er erwartet	Der Kunde erhält weniger als er erwartet	
vollkommen zufrieden	sehr zufrieden	zufrieden	weniger zufrieden	unzufrieden
☺				☹
Überzeugte Kunden		Zufriedene Kunden	Enttäuschte Kunden	
Aktives positives Verhalten bezüglich Wiederkauf und Weiterempfehlung		Passives Verhalten bezüglich Weiterempfehlung	Aktives negatives Verhalten bezüglich Wiederkauf und Weiterempfehlung	

Abbildung 8: Messung der Kundenzufriedenheit

Im Hinblick auf Dienstleistungsqualität und Kundenzufriedenheit stellt sich die Frage, inwiefern sich diese eher weichen Faktoren überhaupt rechnen und auf welche Weise sie dazu beitragen finanzwirtschaftliche Ziele zu erreichen. Das Ziel Kundenzufriedenheit und Kundenbindung zu erreichen geschieht nicht zum Selbstzweck. Vielmehr sind diese Größen Teilziele auf dem Weg zu den finanzwirtschaftlichen Zielen Gewinn, Rentabilität und Markterfolg. Der Faktor Qualität wird sich als höchst ertragsreich im Hinblick auf die finanzwirtschaftlichen Unternehmensziele erweisen.[35]

Den Zusammenhang zwischen Kundenzufriedenheit und Gewinn veranschaulicht die folgende Grafik:

---

[35] Zum Folgenden vgl. Wimmer, F./Roleff, R. (1998b), S. 1244.

7
Toolbox: Zufriedene Kunden steigern den Umsatz

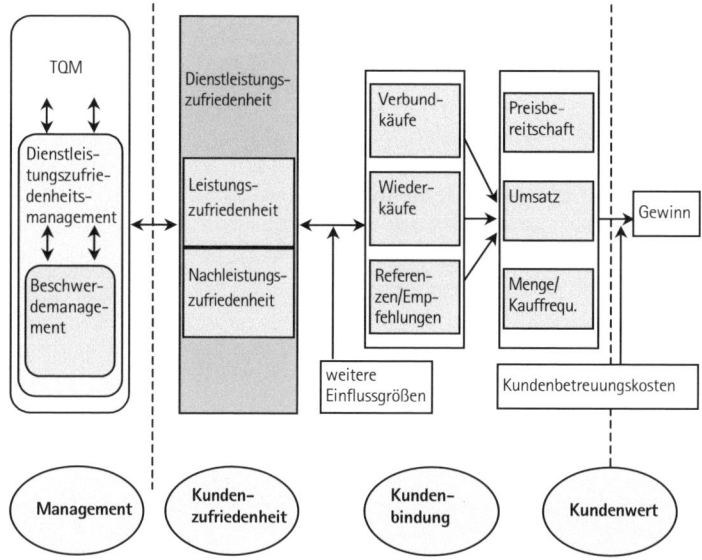

Abbildung 9: Kundenzufriedenheit und Gewinn[36]

Kundenzufriedenheit ist dann erreicht, wenn die Kunden sowohl mit der Dienstleistungserstellung an sich als auch mit den der Nachkaufphase zuzuordnenden Dienstleistungen des Unternehmens zufrieden sind. Kundenzufriedenheit führt zwar in vielen Fällen zu Kundenbindung, zu beachten ist allerdings, dass dies nicht zwangsläufig der Fall ist. Sie werden in der Praxis ebenfalls beobachten, dass Kunden den Anbieter wechseln, obwohl sie keineswegs unzufrieden mit ihrem vorherigen waren. Manchmal verspüren Kunden einfach ein Bedürfnis nach Abwechslung und kehren trotz Zufriedenheit nicht in ihr Stammgeschäft zurück.

Grundsätzlich gilt allerdings: Zufriedenheit erhöht zumindest die Chancen zum Aufbau einer langfristigen Kundenbeziehung erheblich. Daneben ist Kundenbindung auch nicht automatisch immer das Resultat von Kundenzufriedenheit. Wenn Sie der einzige Hersteller eines speziellen Produkts auf Ihrem Gebiet sind, keine alter-

---

[36] Vgl. Wimmer, F./Roleff, R. (1998b), S. 1245.

7 Toolbox: Zufriedene Kunden steigern den Umsatz

nativen Angebote vorliegen oder Kunden aus Gründen der technologischen Systembindung keinen anderen Anbieter wählen können, z. B. bei Systemlieferanten in der Automobilindustrie, kann dies ebenso zu Kundenbindung führen wie Zufriedenheit. Wie äußert sich nun der Tatbestand der Kundenbindung?

Zunächst werden sich Kunden bei erneutem Bedarf wieder an den alten Anbieter wenden. Sie werden also Wiederkäufe tätigen. Daneben nehmen zufriedene Kunden oft Verbundkäufe vor. Von Verbundkäufen oder Cross-Selling wird gesprochen, wenn der Kunde zum Einkauf weitere Produkte und Dienstleistungen erwirbt. Fühlt sich beispielsweise der Kunde in einem Restaurant gut beraten, wird er sich wahrscheinlich entschließen, dieses Restaurant erneut zu besuchen und Bekannten empfehlen. Ähnliches gilt für die Kundin einer Modeboutique, die sich zum neuen Rock gleich noch eine passende Bluse leistet. Schließlich kann Kundenbindung aber auch Weiterempfehlungen des zufriedenen Kunden in seinem Bekanntenkreis zur Folge haben, was wiederum die Absatzmenge vergrößert.

Spätestens an dieser Stelle wird die Bedeutung der Kundenzufriedenheit für das Erreichen unternehmerischer Oberziele offensichtlich. Infolge von Verbundkäufen, Wiederkäufen und Weiterempfehlungen erhöht sich die verkaufte Menge bzw. die Kauffrequenz. Außerdem weisen gebundene Kunden nicht selten eine höhere Preisbereitschaft zugunsten des von ihnen favorisierten Anbieters auf. Die Kriterien Menge und Preis schlagen sich in einer Umsatzsteigerung nieder. Langfristige Kundenbeziehungen bewirken häufig zusätzliche Kostenvorteile, weil Stammkunden resistenter gegen Abwanderung sind und deshalb die Beziehungspflege weniger aufwändige Marketingbemühungen erfordert.[37] Alles in allem bedeutet dies: Steigende Umsätze bei gleichzeitig fallenden Kosten verbessern den Unternehmensgewinn.

| Kundenzufriedenheit rechnet sich!

Da Kundenzufriedenheit in einem direkten Bezug zum Unternehmenserfolg steht, sollte sie als wichtige Controllingkennzahl verstanden werden. Im Vergleich zum Sachgut gilt dies für Dienstleistungen umso

---

[37] Vgl. Wimmer, F./Roleff, R. (1998b), S. 1245.

mehr, weil letztere auf Grund der Immaterialität und eingeschränkten Standardisierbarkeit stets eine Erfahrung an der Schnittstelle zwischen Anbieter und Kunde darstellen und das Bestehen einer Vertrauensbeziehung voraussetzen – und welcher unzufriedene Nachfrager wird zum Aufbau einer solchen bereit sein.

7.1 Wie lässt sich die Dienstleistungsqualität messen?

Betriebswirtschaftliche Größen lassen sich meist nur dann verbessern, wenn sie messbar sind und wenn sich die Einflussgrößen identifizieren lassen, die für die eine oder andere Ausprägung der betrachteten Kennzahl verantwortlich sind. Lassen sich die identifizierten Einflussgrößen durch unternehmerische Maßnahmen verändern, kann ebenso die jeweilige Kennzahl durch gezielte Aktivitäten in Richtung ihres Soll-Wertes verbessert werden. Dieser Zusammenhang hat auch im Hinblick auf die Qualität von Dienstleistungen Gültigkeit.

Die zur Qualitätsmessung eingesetzten Verfahren lassen sich anhand unterschiedlicher Kriterien charakterisieren.[38]

Differenzierte und undifferenzierte Messung

So können Sie sich zunächst einmal entscheiden, ob Sie die Messung undifferenziert oder differenziert durchführen möchten. Bei der undifferenzierten Messung geht es darum ein Globalurteil durch den Kunden zu erheben, z. B.: „Wie fanden Sie den Aufenthalt in unserem Speiselokal?".

Dagegen erfasst die differenzierte Qualitätsmessung Teilleistungen, z. B.: „Wie beurteilen Sie die Freundlichkeit unserer Mitarbeiter?" Es ist offensichtlich, dass sich die differenzierte Vorgehensweise schon allein deshalb anbietet, weil sie Ihnen Aufschluss darüber gibt, welche Teilleistungen eine gute Qualität aufweisen und welche verbesserungsbedürftig sind.

---

[38] Zum Folgenden vgl. Meffert, H./Bruhn, M. (2000), S. 216 ff.

Messung aus Nachfrager- oder Anbietersicht

In einem weiteren Schritt lassen sich die Verfahren danach qualifizieren, ob die Messung aus Nachfrager- oder aus Anbietersicht vorgenommen wird. Die Messung aus dem Blickwinkel des Kunden stellt sicher, dass die Dienstleistungsqualität gemäß den Erwartungen der Käufer erfasst wird. Anbieterbezogene Verfahren, wie z. B. Qualitätsaudits oder Mitarbeiterbefragungen, werden dagegen sehr häufig im Rahmen des internen Qualitätsmanagements oder der Zertifizierung eingesetzt.

Objektive oder subjektive Messung

Schließlich kann die Messung noch anhand subjektiver oder objektiver Merkmale vorgenommen werden. Die objektive Messung setzt die Existenz von Qualitätskriterien voraus, die nicht der subjektiven Einschätzung des Beurteilenden unterworfen sind. Darunter fällt beispielsweise die Beschaffenheit der im Kundenkontakt eingesetzten Potenziale.

Ansätze zur objektiven Messung der Dienstleistungsqualität sind unternehmensinterne Qualitätsaudits und Qualitätskostenanalysen. Subjektive Merkmale hingegen orientieren sich an den persönlichen Anforderungen des Beurteilenden. Dies ist z. B. beim Benchmarking oder bei der Fehlermöglichkeits- und Einflussanalyse der Fall.

Im Folgenden werden Sie mit SERVQUAL ein Verfahren kennen lernen, das es in praktikabler Weise ermöglicht die Dienstleistungsqualität zu erfassen und sich praktisch in jeder Unternehmung umsetzen lässt. Mit dem Kano Modell, der GAP-Analyse und der Kundenwertanalyse werden Ihnen drei weitere Tools zur Steuerung der Kundenzufriedenheit vorgestellt.

7.2 Entspricht die Realität den Erwartungen der Kunden? SERVQUAL

SERVQUAL ist ein branchenunabhängiges Instrument um kundenbezogen die Dienstleistungsqualität zu messen.

7 Entspricht die Realität den Erwartungen der Kunden? SERVQUAL

Aufgaben und Ziele

Im Sinne eines Soll-/Ist-Vergleiches werden bei diesem Verfahren die Erwartungen des Kunden der Dienstleistungsqualität der tatsächlich erlebten Leistung gegenübergestellt. Die befragten Kunden haben Aussagen darüber zu treffen, wie die Qualität sein sollte und darüber, wie sie tatsächlich ist. Daraus lässt sich sehr einfach eine Differenz bilden, die einen Rückschluss auf die vom Kunden wahrgenommene Dienstleistungsqualität zulässt.

> **Qualität heißt die Erwartungen des Kunden übertreffen**
>
> Wollen Sie die Qualität der von Ihnen erbrachten Dienstleistungen messen, ist es erforderlich, die Erwartungen, die der Kunde an Sie stellt, mit der tatsächlich vom Kunden erlebten Leistung zu vergleichen. Sie etablieren folglich einen Soll-/Ist-Vergleich, indem Sie Ihre Kunden fragen, was sie zum einen von Ihnen erwarten und wie sie zum anderen die erhaltene Leistung beurteilen.
>
> Das Ziel besteht darin, die Differenz zwischen den Erwartungen und dem tatsächlichen Leistungserlebnis möglichst gering zu halten. Das Verfahren lässt sich in einfacher Weise sowohl auf reine Dienstleistungsunternehmen als auch auf solche Unternehmen, in denen Dienstleistungen lediglich als Nebenfunktion ausgeführt werden, anwenden. Sie haben somit ein Instrument zur Hand, das es möglich macht auch die Qualität des von Ihnen erbrachten Value-added-Service zu beurteilen.

Vorgehensweise

Technisch gesehen benutzt SERVQUAL fünf Dimensionen der Dienstleistungsqualität. Darunter sind alle jene Aspekte zu verstehen, die für den Kunden bei der Qualitätsbeurteilung von Bedeutung sind.
In einem ersten Schritt werden bei SERVQUAL die fünf Aspekte definiert, die für eine ganzheitliche Messung der Dienstleistungsqualität unbedingt zu berücksichtigen sind. Es handelt sich um die folgenden Dimensionen:

1. Annehmlichkeit des tangiblen Umfeldes

Für das Qualitätsempfinden des Kunden ist das Umfeld der Leistungserbringung von zentraler Bedeutung. Zu diesen „tangibles" zählen beispielsweise die Atmosphäre im Geschäft, die Räumlichkeiten, die Einrichtung sowie das Auftreten der Mitarbeiter.

2. Verlässlichkeit

Dem Kunden ist es wichtig, dass er die versprochene Leistung erhält. Er muss seinem Vertragspartner vertrauen und sich auf ihn verlassen können.

3. Reagibilität

Der Anbieter muss die Fähigkeit zur schnellen und umfassenden Problemlösung besitzen. Er muss zuhören können, die Bedürfnisse des Kunden verstehen und in individueller Art und Weise mit diesen umgehen.

4. Leistungskompetenz

Ein Unternehmen gilt aus Sicht des Kunden als kompetent, wenn es über bestimmtes Wissen und Erfahrungen verfügt und wenn die Mitarbeiter vertrauenswürdig und freundlich sind.

5. Einfühlungsvermögen

Der Kunde wünscht sich einen Dienstleistungsanbieter, der die Bereitschaft und die Fähigkeit besitzt, auf seine individuellen Bedürfnisse einzugehen.

Wenn Sie die fünf Dienstleistungsdimensionen festgelegt haben, misst SERVQUAL diese anhand von 22 „Items". Unter Items sind im Rahmen von Kundenbefragungen Aussagen bzw. Statements zu verstehen, die die Befragten einzeln der Reihe nach bewerten sollen. Indem jedem Item ein Zahlenwert zugeordnet wird, werden Messungen möglich, die beispielsweise mit Schulnoten zu vergleichen sind.

Damit Sie die Kundenerwartungen mit der tatsächlich erlebten Leistung vergleichen können, müssen Sie zu jedem Item eine „So sollte es sein"-Aussage und eine „So ist es"-Aussage formulieren. Dabei bezieht sich die „So sollte es sein"-Aussage auf die Erwartung des Kunden und die „So ist es"-Aussage auf die erlebte Leistung.

Die befragten Personen beurteilen jede Aussage anhand einer Punkte-Skala von 1-7. Die Differenz zwischen den beiden Kundenaussagen gibt dann die wahrgenommene Dienstleistungsqualität für das jeweilige Item an.

Wenn Sie anschließend den Durchschnitt aus den Erlebnis-Erwartungs-Differenzen aller zu einer Dimension gehörigen Items gebildet haben, erhalten Sie die Teilqualität der einzelnen Dimensionen. Bilden Sie aus diesen 5 Teilqualitäten einen weiteren Durchschnittswert, liegt Ihnen im letzten Schritt das Globalurteil der von Ihnen erbrachten Dienstleistungsqualität vor.

Das folgende Beispiel illustriert die Vorgehensweise anhand einer verkürzten Itembatterie. Für nur zwei Dimensionen werden jeweils lediglich zwei Items gebildet, so dass zumindest ein Durchschnitt gebildet werden kann und die Berechnung der Teilqualitäten und der Globalqualität möglich ist:

Messung der Dienstleistungsqualität einer Schreinerei

Im Zusammenhang mit der großangelegten Qualitätsoffensive gegen den Hauptkonkurrenten Pressplatt will Schreiner Holzinger auch die Qualität der von ihm erbrachten Dienstleistungen messen. Einer Branchenzeitschrift hat Holzinger entnommen, dass sich betriebswirtschaftliche Größen dann gezielt verändern lassen, wenn sie sich direkt oder indirekt über Einflussfaktoren messen lassen.

Außerdem gibt die Messung nicht nur Aufschluss darüber, an welcher Stellschraube zur Verbesserung der betrachteten Größe gedreht werden muss, sondern sie ermöglicht auch Vergleiche. Würde sich Holzinger beispielsweise dazu entschließen einmal jährlich die Dienstleistungsqualität zu erfassen, würden ihm die gemessenen Werte anzeigen, inwieweit es im vergangenen Jahr zu Verbesserungen bzw. Verschlechterungen gekommen ist.

Diese Aspekte überzeugen Holzinger und er wählt schließlich das Instrument SERVQUAL. Die folgende Grafik zeigt Ihnen einen Ausschnitt aus Holzingers Fragebogen, mit dessen Hilfe die Erwartungen und die erlebten Leistungen der Befragten erfasst wurden.

7 Toolbox: Zufriedene Kunden steigern den Umsatz

Dimension 1: Annehmlichkeit des tangiblen Umfeldes

	lehne ich entschieden ab	Diese(r) Aussage...	stimme ich völlig zu	Differenz: b – a =	Ø
a) Holzingers Maschinen sollten dem neuesten Stand der Technik entsprechen.	1 2 3 4 5 **6** 7			-4	
b) Holzingers Maschinen entsprechen dem neuesten Stand der Technik.	1 **2** 3 4 5 6 7				-3
a) Holzingers Werkstatt sollte sauber und aufgeräumt sein.	1 2 3 4 **5** 6 7			-2	
b) Holzingers Werkstatt ist sauber und aufgeräumt.	1 2 **3** 4 5 6 7				

Dimension 2: Verlässlichkeit

	lehne ich entschieden ab	Diese(r) Aussage...	stimme ich völlig zu	Differenz: b – a =	Ø
a) Holzinger sollte die Möbel zum versprochenen Zeitpunkt liefern können.	1 2 3 4 5 6 **7**			-4	
b) Holzinger kann seine Möbel zum versprochenen Zeitpunkt liefern.	1 2 **3** 4 5 6 7				-2,5
a) Holzinger sollte über eine gewissenhafte Auftragsbuchführung verfügen.	1 2 3 4 5 6 **7**			-1	
b) Holzinger verfügt über eine gewissenhafte Auftragsbuchführung.	1 2 3 4 5 **6** 7				

⇒ Globalbeurteilung Holzingers Dienstleistungsqualität: (- 3 - 2,5) : 2 = **- 2,75**

Abbildung 10: Bewertung der SERVQUAL-Statements

Sobald die befragten Personen alle Statements beurteilt haben, lässt sich für jedes Item eine Differenz zwischen der tatsächlich erlebten Leistung und der Leistungserwartung bilden. Je größer der Wert ist, umso positiver ist die bei dem jeweiligen Item wahrgenommene Qualität.

Im Beispiel nimmt die befragte Person folglich eine große Abweichung zwischen dem Soll- und dem Ist-Zustand im Hinblick auf die technische Ausrüstung sowie die Lieferzuverlässigkeit wahr. Dagegen empfindet sie eine hohe Qualität in Bezug auf die Sauberkeit der Schreinerwerkstatt und die Sorgfalt der Auftragsbuchhaltung.

Bildet man einen Durchschnittswert über alle Items einer Dimension, ergibt sich die Teilqualität der Dimension. Die Globalbeurteilung von Holzingers Dienstleistungsqualität resultiert aus dem Durchschnitt der Teilqualitäten aller Dimensionen und nimmt einen nicht ganz befriedigenden Wert von - 2,75 an.

7.3 Kunden binden: Kano Modell

Das Kano Modell der Kundenzufriedenheit kommt aus Asien.[39] Im Jahre 1978 entwickelte Noriaki Kano an der Tokioter Universität ein Modell, mit dem man begann, sich in die Problem- und Bedürfniswelt des Kunden hineinzuversetzen.

Aufgaben und Ziele

Die oben beschriebene Problem- und Bedürfniswelt ist mannigfaltig, so dass Kano die Bedürfnisse unterteilte. Er lehnte sich an die Theorie von Herzberg an, wonach die Kundenzufriedenheit in Basis-, Leistungs- und Begeisterungsfaktoren untergliedert werden kann. Die Erfüllung der Basis-, Leistungs- und Begeisterungsfaktoren hat einen unterschiedlich hohen Einfluss auf die Kundenzufriedenheit.

- Basisfaktoren sind Musskriterien. Werden diese Kriterien nicht erfüllt, führt dies zu einer hohen Unzufriedenheit der Kunden, da sie vorausgesetzt werden. Die Erfüllung der Basisfaktoren wird nicht als erhöhte Dienstleistungsqualität wahrgenommen und führt somit nicht zu einer erhöhten Kundenzufriedenheit. Ein Basisfaktor kann z. B. die gute telefonische Erreichbarkeit des Unternehmens sein.
- Bei den Leistungsfaktoren steigt die Kundenzufriedenheit proportional zum Erfüllungsgrad an. Je höher der Erfüllungsgrad, umso höher ist die Kundenzufriedenheit und umgekehrt. Im Gegensatz zu den Basisfaktoren, deren Erfüllung vom Kunden als selbstverständlich angesehen wird und deshalb nicht gesondert ausgesprochen wird, werden Leistungsfaktoren von den Kunden deutlich zum Ausdruck gebracht.
Es handelt sich bei den Leistungsfaktoren um Sollkriterien einer Dienstleistung. Ein Leistungsfaktor kann z. B. die Kulanz bei Reklamationen sein.
- Begeisterungsfaktoren sind jene Dienstleistungskriterien, deren Erfüllung einen überproportional hohen Einfluss auf die Kundenzufriedenheit haben. Werden die Begeisterungsfaktoren nicht erfüllt, entsteht zwar kein Gefühl der Unzufriedenheit beim

---
[39] Vgl. Sauerwein, E. (2000), S. 31ff.

Kunden, allerdings entsteht ohne das Angebot von Begeisterungsfaktoren auch keine besondere Form der Kundenbindung. Bei den Begeisterungsfaktoren handelt es sich um Kann-Kriterien einer Dienstleistung.

Es gilt allerdings: Was heute noch eine tolle Zugabe ist, z. B. das Angebot einer interaktiven Homepage, kann morgen schon wieder selbstverständlich sein, da sich der Kunde innerhalb kurzer Zeit an besondere Dienstleistungen gewöhnt. Vergleichen Sie hierzu die Zeitlinie in der Abbildung 13 auf Seite 150. Begeisterungsfaktoren werden zu Leistungsfaktoren und dann zu Basisfaktoren – z. B. eine neue Kollektion als Kommissionsware zur Verfügung zu stellen.

Die Kano Analyse stellt eine Methode dar, um Kundenanforderungen zu strukturieren und deren Einfluss auf die Zufriedenheit der Kunden zu bestimmen. Die Kano Analyse erlaubt z. B. auch herauszufinden, ob eine Steigerung der Dienstleistungsqualität vom Kunden überhaupt gewünscht wird.

Vorgehensweise

Zunächst ist es wichtig, auswertbare Kundeninformationen zu ermitteln, die dann Grundlage für Investitionen sind bzw. helfen Fehlinvestitionen zu verhindern.

Wenn Sie eine Kano Analyse erstellen wollen, gehen Sie bitte nach folgenden Schritten vor:

Schritt 1:

Der erste Schritt besteht darin, zunächst einen Fragebogen mit maximal zehn Fragen zu den wichtigsten Anforderungen an die Dienstleistungen zu entwickeln.

Schritt 2:

Danach formulieren Sie jeweils eine positive und negative Fragestellung zu jedem Themengebiet und eine Frage zur jetzigen Kundenzufriedenheit.

Schritt 3:

Dann trennen Sie mithilfe dieser Tabelle die brauchbaren von den unbrauchbaren Informationen und teilen sie in Basisfaktoren, Leistungsfaktoren und Begeisterungsfaktoren. Solch eine Trennung ist nötig, da es nicht auszuschließen ist, dass einige Interviews unter Zeitdruck oder auf Grund mangelnden Interesses widersprüchliche Antwortmöglichkeiten entstehen lassen.

Schritt 4:

Anschließend tragen Sie diese Ergebnisse in ein Diagramm ein, wonach Entscheidungen über zukünftige Investitionen getroffen werden können.

Ein attraktiver Nebeneffekt ist, dass mit einer solchen Umfrage nicht nur die Kundenzufriedenheit ermittelt werden kann, sondern auch die Möglichkeit besteht, die Aufmerksamkeit des Kunden für besondere Dienstleistungen des Unternehmens zu wecken. Wenn die Umfrage sachlich und nicht aufdringlich gestaltet wird, dient sie zur Kundenbindung, Kontaktpflege und Neukundenwerbung. Ebenso können im Gespräch viele verschiedene Nebeninformationen gewonnen werden, die aus Erfahrungen des Kunden mit Mitbewerbern resultieren.

Solche Informationen sind nützlich und können für spätere Werbeaktionen oder Verbesserungen im eigenen Unternehmen verwendet werden. Der Interviewer sollte sich neutral verhalten, da man eine unbeeinflusste Antwort des Kunden braucht. Die Antwortmöglichkeiten für eine Befragung nach Kano sind vorgegeben. Für die positiven und negativen Fragestellungen lauten sie:

- Das begeistert mich.
- Das ist normal – das erwarte ich.
- Das ist mir egal.
- Damit könnte ich leben.
- Das würde mich sehr stören.

Die Antwortmöglichkeiten für die jetzige Zufriedenheit sind:
- Sehr zufrieden
- Zufrieden
- Eher zufrieden

7 Toolbox: Zufriedene Kunden steigern den Umsatz

- Eher unzufrieden
- Unzufrieden
- Sehr unzufrieden

Konkret heißt dies: Erst wenn alle Basisfaktoren erfüllt, alle Leistungen erbracht und zusätzliche Begeisterungselemente eingeflossen sind, ist eine hohe Kundenzufriedenheit erreicht.

Nach der Auswertung der Ergebnisse trägt man diese in das Kano Diagramm ein, das wie folgt aussieht:

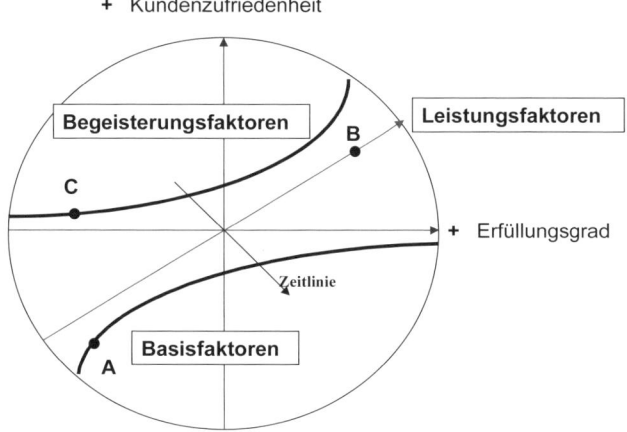

Abbildung 11: Kano Modell

Das Diagramm besteht aus 2 Achsen und 3 Hauptlinien. Die x-Achse stellt den Erfüllungsgrad der Dienstleistung aus Sicht des Kunden dar. Erfüllungsgrad – von rechts nach links: von sehr gut erfüllt bis ungenügend erfüllt.

Die y-Achse stellt die Kundenzufriedenheit dar. Kundenzufriedenheit – von oben nach unten: von sehr zufrieden bis sehr unzufrieden.

Die Basisfaktoren sind auf der unteren Hauptlinie positioniert. Die Leistungsfaktoren befinden sich auf der mittleren Hauptlinie und die Begeisterungsfaktoren auf der oberen Hauptlinie. Durch die unterschiedliche Lage der eingetragenen Punkte kann man bei richtiger Interpretation mögliche Investitionen planen oder Fehlinvestitionen vermeiden.

Zur Veranschaulichung sind 3 Punkte: A, B und C, in dem Kano Diagramm eingezeichnet. Diese stellen drei mögliche Situationen dar und anhand derer wird nun gezeigt, wie eine Interpretation dieser Punkte aussehen könnte.

Punkt A Basisfaktor: Eine Dienstleistung, die so im Diagramm positioniert ist, ist für weitere Investitionen bei guter Erfüllung uninteressant, da der Kunde laut Definition diese nicht bewusst wahrnimmt. Ein Basisfaktor kann trotz hoher Investitionen nie zum Leistungsfaktor werden und trägt damit nicht zu einer Kundenbegeisterung bei. In dem Beispiel liegt die Erfüllung zwischen eher unzufrieden und unzufrieden. Es ist, um Unzufriedenheit zu vermeiden, z. B. in die telefonische Erreichbarkeit zu investieren.

Punkt B Leistungsfaktor: Der Kunde nimmt diese Dienstleistung bewusst wahr. Die vollkommene Erfüllung stimmt ihn zufrieden. Bei niedrigem Erfüllungsgrad müsste investiert werden. Die Lage des Punktes in der Grafik bedeutet, dass der Kunde z. B. mit dem Reklamationsverhalten des Unternehmens zufrieden ist.

Punkt C Begeisterungsfaktor: Begeisterungsanforderungen werden vom Kunden nicht artikuliert, sie sind jene Eigenschaften, welche der Kunde nicht erwartet. In den Begeisterungsfaktoren steckt hohes Potenzial. Ihre Erfüllung macht ein Unternehmen einzigartig und schwer austauschbar, z. B. eine interaktive Homepage, so dass der Kunde 24 Stunden mit dem Unternehmen in Kontakt treten kann. Es lohnt sich also in Begeisterungsfaktoren zu investieren.

Kennt ein Unternehmen die differenzierten Anforderungen der Kunden an seine Dienstleistungen, können Investitionsmittel richtig gelenkt werden. Die Entdeckung von Begeisterungsanforderungen schafft vielfältige Differenzierungsmöglichkeiten. Eine Dienstleistung, die lediglich den Basis- und Leistungsanforderungen genügt, wird als durchschnittlich und damit austauschbar wahrgenommen.

7.4 Qualitätsmindernde Faktoren finden: GAP-Analyse

Die GAP-Analyse ist eine Methode, mit der Sie die Dienstleistungsqualität optimieren können. Worum geht es dabei?

Aufgaben und Ziele

Zur Erinnerung: Eine schlechte Dienstleistungsqualität kann beachtliche Folgekosten verursachen:
- Negative Mund-zu-Mund-Propaganda durch unzufriedene Kunden,
- Abwandern von Kunden zu einem anderen Anbieter, mit der Folge, dass sich die Kundenrentabilität verringert.
- Um die Abwanderung zu kompensieren müssen Neukunden gewonnen werden, wodurch sich die Marketing-Ausgaben erhöhen.

Um die Dienstleistungsqualität zu optimieren, kann die GAP-Analyse ein sehr nützliches Tool sein. Sie soll qualitätsmindernde Lücken, die so genannten GAP´s, zwischen der angestrebten Dienstleistungsqualität und dem tatsächlichen aktuellen Stand feststellen. Gleichzeitig werden die Gründe für die Abweichung erfasst und bewertet um die Lücken schließen und damit die Dienstleistungsqualität an die Erwartungen heranführen zu können.

Vorgehensweise

Die qualitätsmindernden Lücken können am besten in einem Beziehungsmodell zwischen Kunde und Dienstleister veranschaulicht werden. Das GAP-Modell unterscheidet fünf potenzielle Lücken – die GAP´s 1 bis 5 – wobei die Dienstleistungsqualität im GAP-Modell als GAP 5 bezeichnet wird. GAP 5 resultiert aus den vier weiteren Lücken. Da die Diskrepanz in GAP 5 selbst im Einzelfall nur schwer zu messen bzw. zu verringern ist, setzt man bei den GAP´s 1 bis 4 an. Werden diese Lücken erfolgreich überwunden, wirkt sich dies zwangsläufig positiv auf GAP 5 aus.

7 Qualitätsmindernde Faktoren finden: GAP-Analyse

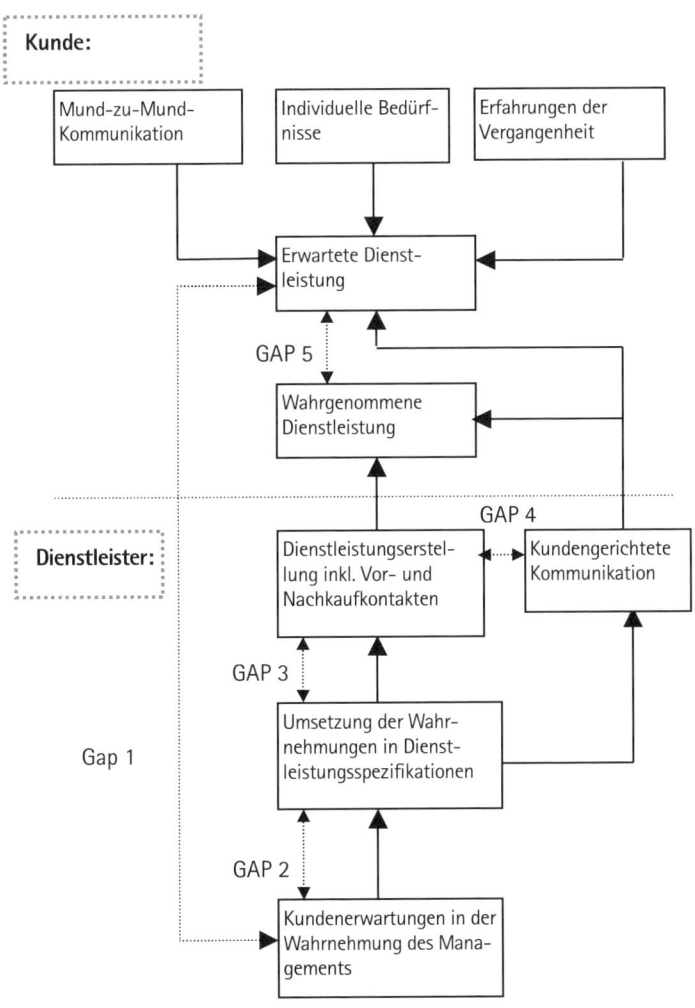

Abbildung 12: GAP-Modell der Kundenzufriedenheit[40]

---

[40] Vgl. Bruhn (2004), S. 67

Was genau sind nun die einzelnen GAP´s bzw. auf welche Dimensionen beziehen sie sich?

GAP 1 ...

... ist die Lücke zwischen den Erwartungen des Kunden und den Vorstellungen des Dienstleistungsanbieters.

Diese Lücke entsteht, da der Dienstleistungserbringer zu oft die Erwartungen seiner Kunden nicht ausreichend kennt. Durch ein strukturiertes Kundengespräch mit überlegten Fragen kann diese Lücke relativ einfach geschlossen werden. Hierzu sind detailliert die Wünsche des Kunden zu ermitteln.

Der Dienstleistungsanbieter sollte laufend an Verbesserungen der Kommunikation der Mitarbeiter „an der Front" mit dem Kunden arbeiten und eine professionelle, persönliche Kundenbeziehung und -pflege, auch Customer Relationship Managment genannt, aufbauen.

GAP 2 ...

... ist die Lücke zwischen den Vorstellungen des Dienstleistungserbringers und den Qualitätsnormen.

Der Unternehmer setzt Standards für die zu erbringende Dienstleistungsqualität. Werden erkannte Kundenerwartungen nicht umgesetzt, entsteht GAP 2. Eine Optimierung kann z. B. dadurch erfolgen, dass Kundenzufriedenheitsziele systematisch erarbeitet und kundenorientierte Standards als Leitfaden für ein Beratungsgespräch formuliert und festgehalten werden.

Letztendlich wäre der Idealzustand ein unternehmensspezifisches und kundenorientiertes Dienstleistungsdesign zu entwickeln, d. h. einen von allen Mitarbeitern vorgegebenen Leitfaden für den gesamten Dienstleistungsprozess.

GAP 3 ...

... ist die Lücke zwischen den Qualitätsnormen und der erbrachten Leistung.

Dieses GAP entsteht, wenn die gesetzten Normen in der Praxis nicht umgesetzt werden. Gründe hierfür können die fehlende Motivation der Mitarbeiter, das fehlende Know-how der Mitarbeiter oder Kompetenzgerangel im Unternehmen sein.

Qualitätsmindernde Faktoren finden: GAP-Analyse

GAP 4 ...

... ist die Lücke zwischen versprochener und erbrachter Leistung.

„Hält das Unternehmen, was es in der Werbung verspricht?" GAP 4 drückt aus, inwieweit Werbebotschaften und das Unternehmensimage mit der erbrachten Dienstleistung in Einklang stehen. Deshalb sollte dem Kunden ein transparentes und realistisches Leistungsbild dargeboten werden, so dass die Erwartungshaltung der Kunden auch noch übertroffen werden kann. Um die Lücke GAP 4 zu schließen hat sich ein Zehn-Punkte-Programm bewährt, das die wesentlichen Dimensionen der Dienstleistungsqualität beschreibt:

Checkliste: Zehn-Punkte-Programm GAP	
	ja/nein
1. Zuverlässigkeit: Liefern Sie die versprochene Dienstleistungsqualität zuverlässig, pünktlich und exakt?	
2. Reaktionsfähigkeit: Werden die Kundenwünsche und -erwartungen schnell und unkompliziert erfüllt?	
3. Kompetenz: Sind bei allen Mitarbeitern die notwendigen Fähigkeiten, Fertigkeiten und das notwendige Wissen vorhanden?	
4. Takt: Wird Ihren Kunden stets freundlich, aufgeschlossen und höflich begegnet?	
5. Vertrauenswürdigkeit: Sind Ihre Angebote ehrlich und glaubwürdig?	
6. Sicherheit: Sind die Risiken Ihrer Kunden beim Kauf minimiert?	
7. Zugang: Können Ihre Kunden einfach mit Ihnen Kontakt aufnehmen?	
8. Kommunikation: Ist die Informationsvermittlung gegenüber Ihren Kunden leicht verständlich?	
9. Kundengespür: Kennen Sie Ihre Kunden persönlich, auch ihre Hobbys und sportlichen Aktivitäten?	
10. Äußere Erscheinung: Ist der Gesamteindruck des Unternehmens positiv?	

7.5 Nutzen Sie Ihre Ressourcen effektiv: Kundenwertanalyse

Die Kundenbeziehung gilt als das wichtigste Gut bei Dienstleistern. Eine Frage, die in diesem Zusammenhang besonders wichtig ist, lautet: Wie viel ist die Kundenbeziehung in Euro und Cent wert? Viele Unternehmen können diese Frage nicht beantworten.

Aufgaben und Ziele

Der Kundenwert beschreibt den wirtschaftlichen Wert von Kunden. Die Kundenwertanalyse sollte

- die aktuell pro Kunde bzw. Kundensegment erwirtschafteten Deckungsbeiträge abbilden,
- die Potenziale der Kunden für die Zukunft quantifizieren.

Dies bedeutet, dass mithilfe des Kundenwertes einerseits der Beitrag eines Kunden zum Unternehmenserfolg ermittelt werden kann und andererseits abgeschätzt werden kann, inwiefern die Marketinginvestitionen in diesen Kunden lohnenswert sind. Da die vorhandenen Ressourcen im Unternehmen effizient eingesetzt werden müssen, stellt sich somit für die Unternehmensführung die Aufgabe den Kundenwert zu messen und zu steuern.

Gerade vor dem Hintergrund des Kundenbeziehungsmanagements ist es wichtig den Wert eines Kunden idealtypisch über die gesamte Lebenszeit der Kundenbeziehung zu betrachten. Auf diese Weise kann beispielsweise ersichtlich werden, dass bei Erfolg versprechenden Kunden, die dem Unternehmen gegenüber lange loyal bleiben, Investitionen in deren Akquisition und Betreuung gerechtfertigt sind.

Der Grundgedanke der Kundenwertorientierung besteht darin, diejenigen Kunden langfristig an das Unternehmen zu binden, die einen hohen Kundenwert aufweisen. Hierzu müssen Sie zunächst im Rahmen des Customer Relationship Managements die kundenrelevanten Daten systematisch erfassen und aufbereiten. Eine interessante Größe sind die Ausgaben des Kunden für Dienstleistungen innerhalb der gesamten Dauer der Kundenbeziehung.

7 Nutzen Sie Ihre Ressourcen effektiv: Kundenwertanalyse

Der im Folgenden grafisch betrachtete Verlauf einer Kundenbeziehung gilt als idealtypisch:

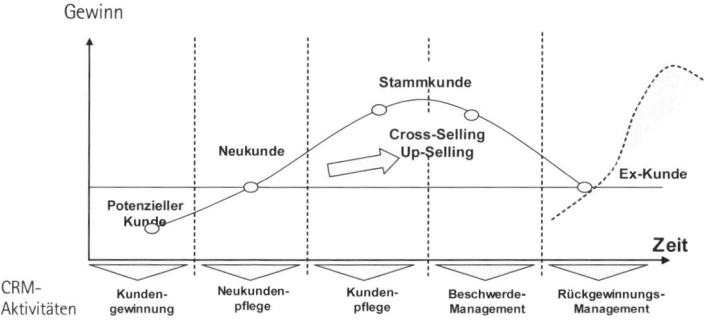

Abbildung 13: Kundenlebenszyklus

Im Einzelfall kann sich dieser Verlauf vom idealtypischen Zyklus unterscheiden. Durch Cross- und Up-Selling Anstrengungen kann der Verlauf des Kundenlebenszyklus verlängert und in seiner Qualität positiv beeinflusst werden. Im Laufe des Kundenlebenszyklus lassen sich – wie aus der Abbildung ersichtlich – fünf Phasen unterscheiden. Mit dem zeitlichen Ablauf dieser Phasen geht gleichzeitig eine Veränderung der Qualität der Geschäftsbeziehung einher, die zuerst zu- und später dann wieder abnimmt.

In der Phase der Kundengewinnung versucht das Unternehmen mit potenziellen Kunden in Kontakt zu kommen. Zunächst sind mit der Kundengewinnung nur Kosten verbunden. Ein Teil der potenziellen Kunden wird hoffentlich zu Neukunden, die entsprechend zu pflegen sind, damit sie beim nächsten Kauf nicht gleich zur Konkurrenz abwandern.

In der Phase der Kundenpflege unternimmt das Unternehmen Anstrengungen, die Qualität der Kundenbeziehung zu erhöhen und auf diese Weise die Kunden stärker an sich zu binden. In dieser Phase befindet sich die Beziehungsqualität auf dem höchsten Punkt. Fehler in der Erstellung der Dienstleistung oder sonstige Beschwerdegründe können dazu führen, dass die Beziehungsstärke abnimmt und somit die Kunden abwandern.

7 Toolbox: Zufriedene Kunden steigern den Umsatz

Sinkt die Beziehungsstärke kommt die Phase der Kundenrückgewinnung zum Tragen. In dieser Phase sollen abwanderungsgeneigte Kunden wiedergewonnen bzw. bereits zur Konkurrenz abgewanderte Kunden zurückgewonnen werden. Bei zu geringer Profitabilität der Kundenbeziehung kann sich das Unternehmen aber auch dafür entscheiden die Kundenbeziehung zu beenden.

Mit dem Kundenlebenszyklus, auch Customer Lifecycle oder CL genannt, geht die Betrachtung des Kundenlebenswertes, auch Customer Lifetime Value oder CLV genannt, einher. Die zu Grunde liegende Idee besteht darin, den Wert eines Kunden über die Dauer der Geschäftsbeziehung zu beobachten. Eine Kundenbindung wird demzufolge nur dann angestrebt, wenn dem zu erwartenden Aufwand ein höherer Ertrag gegenübersteht.

Der Kundenwert wird erhöht, wenn es gelingt, die Kundenbindung zu intensivieren und gleichzeitig den Wechsel zu einem Mitbewerber zu erschweren. Ziel der Betrachtung des Kundenwertes ist die Identifikation, Selektion und Förderung Gewinn bringender Kunden. Hierbei kommt dem Kundenwert eine doppelte Bedeutung zu: Einerseits lässt sich der Beitrag eines Kunden zum Geschäftserfolg, andererseits die Investitionswürdigkeit eines Kunden hinsichtlich zu ergreifender Marketingmaßnahmen ermitteln und bewerten. Kundenzufriedenheit ist eine notwendige Bedingung für die Kundenbindung, jedoch keine Garantie.

Die Möglichkeiten zur Verbesserung der Dienstleistungsqualität Ihres Unternehmens, die Sie in den vorigen Kapiteln kennen gelernt haben, sind letztlich „Werkzeuge" zur Kundenwertsteigerung. Unter dem Blickwinkel der Kundenwertanalyse lassen sich diese Tools gezielter einsetzen.

Vorgehensweise

Der Customer Lifetime Value oder CLV ist derjenige Betrag, der sich als kumuliertes Ergebnis aller Aufträge mit einem Kunden im Zeitablauf seiner Geschäftsbeziehung ergibt. Dazu werden die kumulierten Einzahlungen zur Akquisition und laufenden Betreuung dieses Kunden den kumulierten Auszahlungen aus Kundenaufträgen gegenübergestellt.

Nutzen Sie Ihre Ressourcen effektiv: Kundenwertanalyse

Methodisch gesehen entspricht damit der Customer Lifetime Value der klassischen Kapitalwertmethode, die zur Beurteilung der Vorteilhaftigkeit von Investitionsobjekten herangezogen wird, lediglich mit dem Unterschied, dass das Investitionsobjekt keine Maschine, sondern die Beziehung zu einem bestimmten Kunden ist.

Der Customer Lifetime Value geht wie die Kapitalwertmethode davon aus, dass künftige Einzahlungen einen geringeren Wert stiften als gegenwärtige, weshalb das Ergebnis auf den heutigen Tag abgezinst werden muss.

Zur konkreten Berechnung des Customer Lifetime Values bilden Sie pro Geschäftsjahr die Differenz zwischen den Einnahmen und den Ausgaben der Geschäftsbeziehung und diskontieren die Differenz auf den heutigen Tag. Die Summe aus den abdiskontierten Einzahlungsüberschüssen aller Perioden des Betrachtungszeitraumes ergibt schließlich den Customer Lifetime Value. Da von Periode zu Periode der im Nenner stehende Diskontierungsfaktor ansteigt, sind – wie bereits oben erwähnt – künftige Einzahlungsüberschüsse weniger wert als gegenwärtige.

Die folgenden Checklisten helfen Ihnen dabei festzustellen, ob die Maßnahmen zur Kundenwertsteigerung erfolgreich waren.

Checkliste: Maßnahmen zur Kundenwertsteigerung	
Erhöhung der Einzahlungen	ja/nein
Ist es Ihnen gelungen, die abgesetzte Menge an Dienstleistungen zu erhöhen?	
Ist es Ihnen gelungen, einen höheren Preis je Dienstleistungseinheit beim Kunden durchzusetzen?	
Ist es Ihnen gelungen, den Kunden zum Kauf weiterer Dienstleistungen, d. h. Cross-Selling, zu bewegen?	
Ist es Ihnen gelungen, den Kunden zu einem Aufstieg in höherwertige Dienstleistungen, d. h. Up-Selling, zu bewegen?	

Reduzierung der Auszahlungen	ja/nein
Wurden die Geschäftsbeziehungen zu unrentablen Kunden abgebrochen?	
Konnte die Anzahl der Reklamationen reduziert werden?	
Ist es durch eine Bündelung von Dienstleistungsangeboten zu einer besseren Kapazitätsauslastung gekommen?	

7.6 Wenn doch etwas schief geht: Beschwerdemanagement

In engem Zusammenhang mit dem Management der Kundenzufriedenheit und einem hohen Customer Lifetime Value steht das Beschwerdemanagement. Definitionsgemäß kann man unter einer Beschwerde „eine vom Kunden ausgehende Artikulation von Unzufriedenheit" verstehen, die „sich auf ein konkretes Leistungsangebot einschließlich der damit in der Vor-, Kauf- und Nachkaufphase zusammenhängenden Marketingaktivitäten des Anbieters bezieht und an diesen adressiert ist."[41]

Weil die vorgebrachten Beschwerden bei Dienstleistungen klare Hinweise auf Verbesserungspotenziale geben, sollten Unternehmen ihnen offen gegenübertreten, sie systematisch erfassen und die Informationen einer gezielten Verwertung zuführen.

Beachten Sie dabei, dass sich unzufriedene Kunden in vielen Fällen die Mühe der Beschwerdeführung ersparen und ihre persönliche Konsequenz aus der nicht zufriedenstellenden Leistungserbringung durch den Anbieter ziehen. Das heißt, diese Kunden werden Sie vermutlich nicht wiedersehen. Sehen Sie deshalb Beschwerden als eine Chance zur Verbesserung oder Wiedergutmachung und damit als Möglichkeit, eine langfristige Kundenbeziehung zu fördern und zu erhalten.

---

[41] Wimmer, F./Roleff, R. (1998a), S. 269.

Ziele des Beschwerdemanagements

Wie bereits kurz angedeutet, sollte ein institutionalisiertes Beschwerdemanagement eine systematische Erfassung, Bearbeitung und Verwertung von Beschwerden beinhalten. Beschwerdestimulierung, -annahme, -bearbeitung und -auswertung sollen dabei nicht dazu dienen, dass Formulare erstellt, gelocht und schließlich abgeheftet werden, ein institutionalisiertes Beschwerdemanagement ist vielmehr mit konkreten Zielen auszugestalten:

- Kundenreaktionen wie Abwanderung oder negative Mund-zu-Mund-Propaganda sollen vermieden werden: Es gibt den Erfahrungswert, dass ein zufriedener Kunde sein positives Erlebnis dreimal weitererzählt, während ein unzufriedener Kunde seine Geschichte an bis zu elf Personen weitergibt.[42] Diesen negativen Multiplikatoreffekten soll das Beschwerdemanagement entgegenwirken.
- Kundenorientierung soll unternehmensweit forciert und umgesetzt werden: Wenn sich Ihr Unternehmen offen den Beschwerden seiner Kunden stellt, um sich ernsthaft mit ihnen auseinander zu setzen, unterstreicht es sein Bemühen, dem Kunden als echter Dienstleister gegenüberzutreten. Dadurch verbessern Sie Ihr Unternehmensimage und es manifestiert sich beim Kunden das Bild einer serviceorientierten Unternehmenskultur.
- Beschwerdezufriedenheit soll generiert werden: Beschwerdezufriedenheit ist ein Bestandteil der Kundenzufriedenheit.[43] Dies bedeutet, dass in die durch den Kunden wahrgenommene Dienstleistungsqualität auch einfließt, inwieweit der Beschwerdeprozess durch das Unternehmen zufriedenstellend gemanagt wurde. Ggf. werden unzufriedene Kunden durch besonders kulante Reaktionen des Anbieters sogar zu zufriedenen oder begeisterten Kunden. Allgemein ist Beschwerdezufriedenheit dann gegeben, wenn der Nutzen aus der Beschwerde den zur Beschwerdeführung notwendigen Aufwand übersteigt.

---

[42] Vgl. Töpfer, A./Mann, A. (1999), S. 88.
[43] Vgl. Wimmer, F./Roleff, R. (1998a), S. 271.

- Verbesserungsvorschläge sollen gewonnen werden: Wenn Sie Beschwerden nicht als Ergebnis besonders schwierigen oder gar boshaften Kundenverhaltens begreifen, sondern als konstruktive Kritik, können Sie die in den Beschwerden enthaltenen Aussagen oftmals als Anregungen für eine Verbesserung der Leistungserstellung und des Produktnutzens verwerten. Durch die gezielte Auswertung von Beschwerden gewinnen Sie Informationen, die sonst nur kostenintensive Marktforschungsaktivitäten aufgedeckt hätten.
- Interne und externe Fehlerkosten werden verringert: Interne Fehlerkosten umfassen Kosten, die Ihrem Unternehmen zur Vorbeugung von Fehlern entstehen. Externe Fehlerkosten sind dagegen Kosten, die anfallen, wenn Sie unterlaufene Fehler z. B. durch Preisnachlässe oder Nachbesserungen kompensieren müssen. Ein effizientes Beschwerdemanagement trägt dazu bei, diese Kosten zu reduzieren.

Inhalte eines Beschwerdemanagements

Sollen die durch Beschwerden generierten Informationen für das Unternehmen hilfreich sein, bedürfen sie einer adäquaten Bearbeitung, kurz: eines Beschwerdemanagements. Dieses umfasst die Beschwerdestimulierung, die Beschwerdeannahme, die Beschwerdebearbeitung sowie die Beschwerdeauswertung.[44]

Beschwerdestimulierung

Da vielen Kunden der mit einer Beschwerde einhergehende Aufwand zu groß ist und sie fürchten, dass der damit verbundene Nutzen ungleich niedriger ausfallen wird, verzichten sie oftmals auf eine Beschwerde. Statistiken zeigen, dass sich nur 4 % aller unzufriedenen Kunden überhaupt beschweren. Diese Kunden sind meistens für das Unternehmen verloren, und zwar ohne dass für den Anbieter der Abwanderungsgrund offenkundig geworden wäre. Deshalb sollten Sie für den Kunden die Kontaktaufnahme zum Unterneh-

---

[44] Vgl. Stauss, B./Seidel, W. (1998).

Wenn doch etwas schief geht: Beschwerdemanagement

men so einfach wie möglich gestalten. Er muss sozusagen zur Beschwerde aufgefordert und ermutigt werden.

Bezogen auf Dienstleistungen ist in diesem Zusammenhang darauf hinzuweisen, dass der Kunde in vielen Fällen bei der Leistungserstellung anwesend ist. Diese Tatsache öffnet für ihn den Weg zum Anbieter: Er kann sich noch während des Produktions- bzw. Konsumtionsprozesses beschweren. Da Produktion und Konsumtion simultan ablaufen, ist die sofortige Äußerung von Beschwerden auch dringend erforderlich, da nach Beendigung des Dienstleistungsprozesses an der konsumierten Leistung keine Nachbesserung stattfinden kann. Zu diesem Zeitpunkt sind meist nur noch Kompensationen in Form von Ausgleichszahlungen möglich.

So wird z. B. die Kundin im Friseursalon noch während des Schneidens anmerken müssen, dass die Frisur für ihren Geschmack zu kurz gerät. Ist die Haarpracht erst dahin, können nur noch Preisnachlässe die Verärgerung der Kundin lindern. Hinsichtlich der Beschwerdestimulierung bedeutet dies, dass Sie sich als Dienstleister bereits während des Erstellungsprozesses nach der Zufriedenheit des Kunden erkundigen sollten.

Ansonsten können für Dienstleistungen dieselben Mittel zur Beschwerdestimulierung wie bei Produkten eingesetzt werden. Der Kunde kann seine Beschwerde schriftlich, z. B. per Brief, mündlich, z. B. in einem persönlichen Gespräch, oder auf telekommunikativem Weg, z. B. per Telefon oder per E-Mail an das Unternehmen richten. Einen Überblick über Möglichkeiten, den Kunden im Bedarfsfall zu einer Beschwerde zu motivieren, gibt die folgende Checkliste:

Checkliste: Beschwerdestimulierung	
	ja/nein
Ist die telefonische Erreichbarkeit ohne lange Warteschleifen sichergestellt?	
Gibt es in irgendeiner Form eine Aufforderung des Kunden zur Beschwerdeführung: „Sagen Sie uns Ihre Meinung ..."?	
Gibt es Beschwerdeformulare, die z. B. der Rechnung beigefügt werden?	

Beschwerdeannahme

Im Rahmen der Beschwerdeannahme werden die geäußerten Beschwerden entgegengenommen und erfasst. Dabei ist von besonderer Bedeutung, dass der Eingangszeitpunkt der Beschwerde festgehalten wird. Eine zufriedenstellende Bearbeitung der Beschwerde kann meist nur dann erreicht werden, wenn sie zeitkritisch erfolgt und der Kunde eine möglichst rasche Reaktion von Seiten des Anbieters erhält.

Aufgrund des mit vielen Dienstleistungen einhergehenden direkten Kontaktes zwischen Anbieter und Nachfrager, können viele Beschwerden schon im Verlauf der Dienstleistungserstellung bearbeitet und die Unzufriedenheit des Kunden reduziert werden. Dazu ist es erforderlich, die Mitarbeiter im Kundenkontakt für Beschwerdesituationen zu sensibilisieren und ihnen durch Schulungen geeignete Verhaltensweisen im Umgang mit verärgerten Kunden zu vermitteln.[45]

So werden beispielsweise Mitarbeiter von Call Centern psychologisch auf kritische Kundenkontaktsituationen vorbereitet. Sie lernen dem Kunden zuzuhören, sein Problem zu begreifen, ihm einen passenden Lösungs- bzw. Kompensationsvorschlag zu unterbreiten und dadurch seine Empörung zu lindern.

Beschwerdebearbeitung

Die Beschwerdebearbeitung umfasst alle Aktivitäten, die nach Eingang einer Beschwerde in einem Unternehmen ablaufen. Dabei ist zum einen festzulegen, wie bestimmte Beschwerden von wem zu bearbeiten sind und innerhalb welcher zeitlichen Frist dies geschehen soll. Zum anderen sind entstandene Fehler systematisch auf ihre Ursachen hin zu untersuchen und im Hinblick auf die Zukunft zu beseitigen.

Werden Beschwerden gewissenhaft bearbeitet, können sie für Ihr Unternehmen eine Fülle marktbezogener Informationen liefern. Sie erhalten Kenntnisse über Trends und Bedürfnisänderungen sowie über Produkt- und Servicemängel. Denken Sie daran, dass Sie viele dieser Daten ansonsten über kostenintensive Marktforschungs-

---

[45] Vgl. Meffert, H./Bruhn, M. (2000), S. 325.

7 Wenn doch etwas schief geht: Beschwerdemanagement

aktivitäten erheben müssten. Machen Sie deshalb das Beste aus eingegangenen Beschwerden und versuchen Sie, aus Fehlern der Vergangenheit zu lernen.

Im Unterschied zur Beschwerdebearbeitung richtet sich die Beschwerdereaktion nach außen, also direkt an den verärgerten Kunden. Zu einem gelungenen Beschwerdemanagement gehört auch, dass der Kunde auf dem Weg zur Problemlösung über den Status der Bearbeitung seiner Beschwerde auf dem Laufenden gehalten wird. So sollte z. B. dem Kunden kurz nach Beschwerdeeingang der Empfang bestätigt und die voraussichtliche Bearbeitungsdauer signalisiert werden.

Nimmt es mehr Zeit in Anspruch eine Lösung zu finden, sind außerdem regelmäßige Zwischenbescheide empfehlenswert. Dadurch zeigen Sie Ihrem Kunden, dass Sie die von ihm artikulierte Unzufriedenheit ernst nehmen, dass Sie bereit sind, sich mit dem Problem auseinander zu setzen und dass Sie so bald wie möglich eine kooperative Lösung finden wollen.

Am Ende der Phase der Beschwerdebearbeitung steht die Entscheidung über die vorgebrachte Beschwerde. Grundsätzlich können alle erhaltenen Beschwerden einer umfangreichen Einzelfallprüfung unterzogen werden, was den Vorteil hat, dass zum einen unberechtigte Beschwerden abgelehnt werden können und zum anderen dem Kunden, der sich beschwert, Aufmerksamkeit geschenkt wird. Allerdings sind mit einer Einzelfallprüfung meist nicht unerhebliche Kosten infolge eines erhöhten Bearbeitungsaufwands verbunden, die ggf. sogar die Kompensationskosten übersteigen können. Deshalb kann es allein aus Kostengründen sinnvoll sein, Beschwerden generell kulant zu regeln.

Aus Marketinggesichtspunkten ist eine wohlwollende Beschwerdebearbeitung ohnehin zu befürworten. Wenn Sie Ihrem Kunden eine entgegenkommende Problemlösung vorschlagen, riskieren Sie nicht eine mühsam aufgebaute Kundenbeziehung, die Ihnen in der Zukunft noch nennenswerte Umsätze bringen könnte. Zusätzlich investieren Sie in positive Mund-zu-Mund-Propaganda, die sich nicht nur auf Ihr Unternehmensimage, sondern auch auf Ihre künftigen Erlöse positiv auswirken sollte.

Beschwerdeauswertung

Wie bereits im vorangegangenen Schritt erwähnt, sind Fehler systematisch auf ihre Ursachen hin zu untersuchen und zu beseitigen. Damit aus Fehlern gelernt werden kann, sind auch die Verantwortlichen über den Beschwerdeausgang in Kenntnis zu setzen. Die Beschwerdeanalyse sollte dabei sowohl quantitative als auch qualitative Kriterien berücksichtigen.

Gegenstand der quantitativen Beschwerdeanalyse ist die Ermittlung der relativen Wichtigkeit einzelner Beschwerdegründe, z. B. mittels Frequenz-Relevanz-Analysen. Zusätzlich soll die qualitative Beschwerdeanalyse vor allem über die Ursachen der Unzufriedenheit Aufschluss geben.[46]

Die Idee und die Vorgehensweise der Frequenz-Relevanz-Analyse – auch FRAP genannt – wird am folgenden Beispiel erläutert:

Beschwerdeanalyse mit FRAP

Damit die Maßnahmen des Qualitätsmanagements zielgerichtet eingesetzt werden können, ist es notwendig, die Häufigkeit und die Relevanz der auftretenden Negativerlebnisse zu kennen. Der Frequenz-Relevanz-Analyse liegt die Überlegung zugrunde, dass ein Problem umso schneller bearbeitet werden muss, je größer seine Bedeutung für das Ausmaß der Verärgerung des Kunden ist. FRAP setzt voraus, dass die auf Kundenseite bestehenden Probleme bereits bekannt sind. FRAP knüpft anschließend an diese Ergebnisse an und ermittelt die Häufigkeit des Problemauftritts sowie dessen Wichtigkeit.

Die Datenermittlung kann in Form einer Kundenbefragung geschehen, in der für jede Problemkategorie zwei Fragen vorgesehen sind.[47] Die erste Frage erfasst, ob ein bestimmtes Problem bei einem Kunden überhaupt aufgetreten ist. Wird die erste Frage bejaht, wird mit der zweiten Frage die Relevanz des Problems geprüft. Die Wichtigkeit des Problems lässt sich mithilfe einer Skala abbilden, auf der der Kunde das Ausmaß seiner Verärgerung angeben kann. Abschließend lassen sich die Probleme entsprechend ihrer Frequenz und ihrer Relevanz in ein Diagramm eintragen. Die Probleme, die weit oben rechts liegen, sind als erste zu beseitigen.

---

[46] Vgl. Meffert, H./Bruhn, M. (2000), S. 325.
[47] Vgl. Stauss, B. (2000), S. 335.

7 Wenn doch etwas schief geht: Beschwerdemanagement

Im Beispiel werden Autoserviceleistungen dargestellt. Die Kritikpunkte „nicht termingerechte Ausführung eines Auftrages" und „Rückgabe des Fahrzeuges in verschmutztem Zustand" haben Priorität bei der Durchführung von Verbesserungsmaßnahmen.

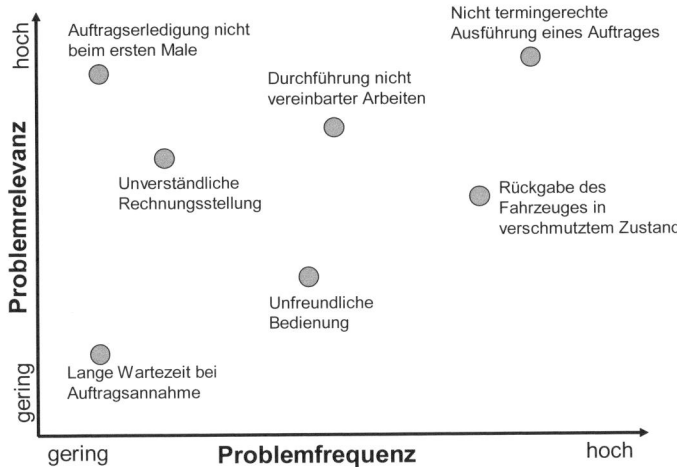

Abbildung 14: Beschwerdeanalyse mit FRAP[48]

Im Unterschied zur quantitativen Beschwerdeanalyse, welche die relative Bedeutung einzelner Probleme untersucht, wird bei der qualitativen Beschwerdeanalyse auf die Ursachen der Unzufriedenheit mit einer Dienstleistung eingegangen. In diesem Zusammenhang ist es von besonderer Bedeutung zu wissen, dass bei einer Dienstleistung, die einer prozessualen Erstellung unterliegt, Unzufriedenheitsgründe in jeder Erstellungsphase liegen können. Konkret bedeutet dies, dass Ursachen für die Verärgerung des Kunden im Pre-Sales, d. h. in der Vorleistungsphase, im Sales, d. h. in der Leistungserbringungsphase und im After-Sales, d. h. in der Nachleistungsphase liegen können:[49]

---

[48] Vgl. Stauss, B. (2000), S. 334.
[49] Zum Folgenden vgl. Wimmer, F./Roleff, R. (1998a), S. 271 ff.

7 Toolbox: Zufriedene Kunden steigern den Umsatz

- Pre-Sales- oder Vorleistungsphase
  Bevor sich der Konsument für einen bestimmten Anbieter entscheidet, begibt er sich in der Regel zunächst auf Informationssuche. Vor allem bei immateriellen Dienstleistungen, deren Qualität in hohem Maße von der – vorab schwer beurteilbaren – Leistungsfähigkeit des Anbieters bestimmt wird, stellt der Nachfrager höhere Ansprüche an das Informationsangebot als bei Produkten. Der Kunde möchte insbesondere über den geplanten Ablauf und das voraussichtliche Dienstleistungsergebnis umfassend informiert werden.
  So erwartet ein Patient beispielsweise vor einem operativen Eingriff über alternative Behandlungsmethoden in Kenntnis gesetzt zu werden. In der Vorleistungsphase vergleicht der potenzielle Kunde deshalb seine Informationserwartungen mit den tatsächlich dargebotenen Informationen des Dienstleisters. Bleiben sie wesentlich hinter den Ansprüchen des Nachfragers oder Kunden zurück, kann hierin ein Grund für Unzufriedenheit liegen.
- Sales- oder Leistungsphase:
  Die Leistungsphase umfasst infolge der Gleichzeitigkeit von Produktion und Konsum sowohl die eigentliche Erbringung der Dienstleistung als auch deren Inanspruchnahme durch den Kunden. Weil der Kunde sehr häufig im Leistungserstellungsprozess anwesend ist, spielt das tangible Umfeld eine besondere Rolle für die Qualitätswahrnehmung. Umfeldfaktoren wie Atmosphäre, Räumlichkeiten, technische Ausstattung und das Auftreten der Mitarbeiter bewirken gewissermaßen eine Materialisierung der immateriellen Dienstleistung.
  Da der Konsument vielfach unsicher über die Qualität der Leistung an sich ist, weicht er auf diese Ersatzfaktoren aus. So mancher Patient würde z. B. von einem stickigen, unordentlichen und unansehnlichen Wartezimmer auf eine zweifelhafte Qualität der medizinischen Dienstleistung schließen. Infolge des direkten Kontaktes zwischen Anbieter und Nachfrager kann sofort reagiert werden, wenn der Kunde während der Leistungsphase eine Unzufriedenheit artikuliert. In vielen Fällen ist daher die Möglichkeit geboten, dass noch während die Dienstleistung erstellt

wird eine Verbesserung des Leistungsniveaus erreicht werden kann.
- After-Sales- oder Nachleistungsphase
  In den Augen des Kunden beginnt die Nachleistungsphase nach Abschluss der eigentlichen Dienstleistungserstellung. Dann tritt für ihn das Endergebnis zu Tage. Das bedeutet, dass sich das langfristige Leistungsergebnis erst im Lauf der Zeit offenbart. Ein Patient kann z. B. eine Operation erst dann beurteilen, wenn er nach Ablauf einer bestimmten Zeit auch vollständig genesen ist. Tatsächlich können zwar die Gründe für Unzufriedenheit in der Nachleistungsphase ihre Wurzeln in vorgelagerten Phasen haben, für den Kunden konkretisiert sich der Tatbestand jedoch erst später, z. B. in Form von Folgeschäden. Weil bei Dienstleistungen aber häufig das Leistungsniveau nur während der Leistungsphase angehoben werden kann, können nach in Anspruchnahme der Leistung nur noch Kompensationsleistungen zur Wiedergutmachung gewährt werden. Diese sind meist das Ergebnis eines gelungenen Beschwerdemanagements, das somit ein wichtiges Instrument des Nachkaufmarketings darstellt.
  Schließlich erwarten die Kunden einer vertrauensvollen Dienstleistungsbeziehung, dass diese auch nach Abschluss der eigentlichen Leistungsphase eine sorgsame Pflege erfährt. Unzureichende Kundenbetreuung kann deshalb ein Grund für Unzufriedenheit in der Nachleistungsphase sein.

Kundenbetreuung in der Nachleistungsphase bzw. After-Sales
Bei der Analyse seines Kundenstamms hat Schreiner Holzinger festgestellt, dass ein Großteil des Unternehmenserfolgs von einigen, wenigen Stammkunden bestimmt wird, mit denen er bereits seit vielen Jahren in Geschäftsbeziehung steht. Dieses Phänomen ist für Holzingers Branche nicht untypisch. So trifft es z. B. für den Bereich Ladenbau häufig zu, dass sich ein Innenausstatter auf wenige Kunden spezialisiert, die er dann aber umfassend und dauerhaft betreut. Oftmals vergehen jedoch zwischen den einzelnen Aufträgen von einem Kunden mehrere Jahre, so dass die Geschäftsbeziehung einer ständigen Pflege bedarf. Dies hat auch Schreiner Holzinger erkannt, weshalb in seinem Unternehmen gezielt folgende Instrumente des Nachkaufmarketings zum Einsatz kommen:

7 Toolbox: Zufriedene Kunden steigern den Umsatz

1. Produktbegleitende Informationen wie Broschüren und Gebrauchsanweisungen
2. Nachkaufberatung im Hinblick auf die Pflege und Instandhaltung der Produkte
3. Reparatur und Wartung
4. Freiwillige Garantiezusagen
5. Kundenbriefe und Newsletter
6. Befragungen zur Erfassung der Kundenzufriedenheit
7. Beschwerdemanagement
8. Übernahme des Wiederverkaufes gebrauchter Produkte – soweit dies der Individualisierungsgrad des Möbelstücks erlaubt
9. Entsorgung und Recycling alter Produkte bei einer Neuanschaffung

Diese Liste veranschaulicht Ihnen einige gängige Instrumente des Nachkaufmarketings. Am besten lassen Sie bei der Entwicklung Ihres eigenen Konzepts Ihrer Fantasie freien Lauf, denn wie alle absatzpolitischen Maßnahmen hängt auch die Ausgestaltung des Nachkaufmarketings von den Bedingungen der jeweiligen Branche und von den branchen- bzw. produktspezifischen Bedürfnissen der Kunden ab.

Beispielsweise wird das Investitionsgütergeschäft, wo enge, langfristige Geschäftspartnerschaften die Regel sind, andere Anforderungen an das Nachkaufmarketing stellen als die Konsumgüterbranche. Ebenso erfordern stark erklärungsbedürftige Dienstleistungen eine intensivere Nachkaufbetreuung als problemlose Dienstleistungen.

Versetzen Sie sich deshalb in die Rolle Ihres Kunden, stellen Sie sich vor, welche Probleme die Dienstleistung bei ihm hervorrufen könnte und wie Sie als Anbieter ihm das Leben erleichtern könnten. Gleichzeitig sollten Sie den Kontakt zu Ihrem Kunden aufrechterhalten und so in eine dauerhafte Kundenbeziehung investieren. Aus diesem Grund ist Nachkaufmarketing mehr als nur die Beilage einer Gebrauchsanweisung. After-Salesmarketing ist gelebtes Dienstleistungscontrolling.

Abbildungsverzeichnis

Abbildung   1: Ziele eines Dienstleistungsunternehmens 30
Abbildung   2: Break-even-Analyse 46
Abbildung   3: Balanced Scorecard... 84
Abbildung   4: Ziele des Qualitätsmanagements 97
Abbildung   5: House of Quality 106
Abbildung   6: Fishbone-Analyse 110
Abbildung   7: Six Sigma Modell 111
Abbildung   8: Messung der Kundenzufriedenheit 131
Abbildung   9: Kundenzufriedenheit und Gewinn 132
Abbildung 10: Bewertung der SERVQUAL-Statements 139
Abbildung 11: Kano Modell 143
Abbildung 12: GAP-Modell der Kundenzufriedenheit 146
Abbildung 13: Kundenlebenszyklus 150
Abbildung 14: Beschwerdeanalyse mit FRAP 160

Literaturverzeichnis

Berschin, H. (1989): Handbuch Controlling: Systematisches Planen, Führen, Steuern, Überwachen des Unternehmens und seiner Abteilungen, München.

Brüsselbach, M./Hilz, C. (2002): Personal-Controlling: Gegenstand, Aufgaben, Instrumente, Haufe Controlling Office, Informationen und Instrumente für den modernen Controller, Version 3.4, Freiburg.

Bruhn, M. (2004): Qualitätsmanagement für Dienstleistungen: Grundlagen, Konzepte, Methoden, Berlin, Heidelberg, New York.

Bühner, R. (1993): Strategie und Organisation: Analyse und Planung der Unternehmensdiversifikation mit Fallbeispielen, 2. Aufl., Wiesbaden.

Deckstein, D. (1998): Faster Food, Süddeutsche Zeitung vom 4./5. 4. 1998.

Eversheim, W. (2003): Innovationsmanagement für technische Produkte, Berlin, Heidelberg, New York.

Fischer, R. (2002): Verfahren und Probleme der Preiskalkulation im Dienstleistungsunternehmen, Kostenrechnungspraxis – Zeitschrift für Controlling, Accounting & System-Anwendungen, Ausgabe 2, S. 87-93.

Haubrock, A. (2004): Personalmanagement, Stuttgart.

Haubrock, A. (2001): Systematische Mitarbeiterbeurteilung, Deutsche Optikerzeitung DOZ, 3/2001.

Horváth, P. (2002): Controlling, 8., vollst. überarb. Aufl., München.

Kaplan, R./Norton, D. (1992): In Search of Excellence – der Maßstab muss neu definiert werden, HARVARDmanager, Ausgabe 4, S. 37-46.

Kitzmann, A./Zimmer, D. (1982): Grundlagen der Personalentwicklung, Weilderstadt.

Kück, U. (2003): Schnelleinstieg Controlling, Planegg, München.

Magnusson, K./Kroslid, D./Bergman, B. (2004): Six Sigma umsetzen. Die neue Qualitätsstrategie für Unternehmen. Mit neuen Unternehmensbeispielen, 2. Aufl., München.

Meffert, H./Bruhn, M. (2000): Dienstleistungsmarketing: Grundlagen – Konzepte – Methoden: Mit Fallstudien, 3. Aufl., Wiesbaden.

Meyer, A. (1998): Dienstleistungs-Marketing: Erkenntnisse und praktische Beispiele, 8. Aufl., München.

Morlidge, S. (2004): Auf dem Weg zu „Beyond Budgeting": Eine Diskussion zwischen Experten von Borealis, Nestlé, Unilever und SAP, Interview mit J. H. Daum, R. Gunz, J.-D. Luthi und S. Morlidge, Controlling, Heft 3, S. 165-170.

Nagl, A. (2003): Rating – Darauf achtet Ihre Bank: Der sichere Weg zu fairen Krediten, Planegg/München.

Nagl, A. (1997): Kunden- und Mitarbeiterorientierung in der lernenden Organisation, in: Dr. Wieselhuber & Partner (Hrsg.): Handbuch Lernende Organisation: Unternehmens- und Mitarbeiterpotentiale erfolgreich erschließen, Wiesbaden, S. 275-280.

Nöllke, M. (2001): Crashkurs Kaufmännisches Rechnen, Freiburg i. Br.

o. V. (2002): Haufe Controlling Office, Informationen und Instrumente für den modernen Controller, Version 3.4, Freiburg.

o. V. (1987): DIN 9001, in: DGQ-Schrift Nr. 11-04 (Hrsg.): Deutsche Gesellschaft für Qualität e. V., 4. Aufl., Frankfurt, Berlin.

Pfläging, N. (2003): Beyond Budgeting, Better Budgeting, Planegg, München.

Reckenfelderbäumer, M. (1998): Marktorientiertes Kosten-Management von Dienstleistungs-Unternehmen, in: Meyer, A. (1998), (Hrsg.): Handbuch Dienstleistungs-Marketing, Bd. 1, Stuttgart, S. 394-418.

Literaturverzeichnis

Sauerwein, E. (2000): Das Kano Modell der Kundenzufriedenheit, Wiesbaden.

Schäffer, U./Weber, J. (2002): Herausforderungen für das Dienstleistungscontrolling, Kostenrechnungspraxis – Zeitschrift für Controlling. Accounting & System-Anwendungen, Ausgabe 2, S. 5-13.

Schmalen, H. (2002): Grundlagen und Probleme der Betriebswirtschaft, 12. Aufl., Stuttgart.

Schneider, D. (2000): Unternehmensführung und strategisches Controlling: Überlegene Instrumente und Methoden, 2. Aufl., Darmstadt.

Seidenschwarz, W. (1991): Target Costing – Ein japanischer Ansatz für das Kostenmanagement, Controlling, Ausgabe 4, S. 198-203.

Stauss, B. (2000): „Augenblicke der Wahrheit" in der Dienstleistungserstellung – Ihre Relevanz und ihre Messung mithilfe der Kontaktpunkt-Analyse, in: Bruhn, M./Stauss, B.: Dienstleistungsqualität: Konzepte – Methoden – Erfahrungen, 3. Aufl., Wiesbaden.

Stauss, B./Seidel, W. (1998): Beschwerdemanagement: Fehler vermeiden, Leistung verbessern, Kunden binden, 2. Aufl., München.

Töpfer, A./Mann, A. (1999): Kundenzufriedenheit als Meßlatte für den Erfolg, in: Töpfer, A. (Hrsg.): Kundenzufriedenheit messen und steigern, 2. Aufl., Neuwied, Kriftel, S. 59-110.

Vollmuth, H. J. (2003): Controlling-Instrumente von A-Z: 32 ausgewählte Werkzeuge zur Unternehmenssteuerung, 6. Aufl., Planegg, München.

Wimmer, F./Roleff, R. (1998a): Beschwerdepolitik als Instrument des Dienstleistungsmanagements, in: Bruhn, M./Meffert, H. (Hrsg.): Handbuch Dienstleistungsmanagement, Wiesbaden, S. 265-285.

Wimmer, F./Roleff, R. (1998b): Steuerung der Kundenzufriedenheit bei Dienstleistungen, in: Meyer, A. (Hrsg.): Handbuch Dienstleistungsmarketing, Stuttgart, S. 1241-1254.

Ziegenbein, K. (2001): Kompakt-Training Controlling, Ludwigshafen.

Stichwortverzeichnis

ABC-Analyse 58 ff.
– Ablauf 60
Abwanderung 155
After-Salesbereich 30
After-Salesphase 163
A-Kunden 59
allowable costs 62
Anforderungsprofil 126
Arbeitsleistung 125
Arbeitsverhalten 125
Assessment-Center 125

Balanced Scorecard 84 ff.
Bedarfsanalyse 124
Benchmarking 88 f., 106
Benchmarkingpartner 89 ff.
Benchmarkingprojekt 91 f.
Benchmarkingteam 91
Beschwerdeanalyse 160 f.
Beschwerdeannahme 158
Beschwerdeauswertung 160
Beschwerdebearbeitung 158
Beschwerdemanagement 154 ff.
– Inhalte 156
– Ziele 155
Beschwerden 154 ff.
Beschwerdestimulierung 155 f.
Beschwerdezufriedenheit 155
Best-Practice-Lösungen 89
Beyond Budgeting 41 ff.
B-Kunden 59

Bottom-up-Prinzip 38
Break-even-Analyse 45 ff.
Break-even-Punkt 45, 48
Budget 41
– flexibles 42
– starres 42

Cashflow 44
C-Kunden 59
Commitment 102
Controlling
– Beratungsfunktion 22
– Dokumentationsfunktion 21
– Ermittlungsfunktion 21
– Grundfunktionen 21
– Kontrollfunktion 23
– kurzfristiges 40
– operatives 40
– Planungsfunktion 22
– Prognosefunktion 22
– Steuerungsfunktion 22
– strategisches 40
– Vorgabefunktion 22
Customer Lifecycle 152 ff.
Customer Lifetime Value 152 ff.
Customer Relationship Management 150

Deckungsbeitragsrechnung 46
Dienstleistung
– Kennzeichen einer 19

– Kriterien 29
– was ist eine 16
Dienstleistungscontrolling,
  das Besondere am 33 ff.
Dienstleistungsdimensionen 138
Dienstleistungserträge 27
Dienstleistungskosten 26
Dienstleistungsqualität
– messen 135
Dienstleistungsunternehmen
– typische Ziele 30

Einflussanalyse 107
Einfühlungsvermögen 138
Empowerment 124
Entwicklungsperspektive 88

Fehlermöglichkeitsanalyse 107 ff.
Fehlerursachen, vermeiden 109
Fertigungseinzelkosten 66
Finanzperspektive 87
Fishbone Analyse 110 ff.
flexibles Budget 42
FRAP 160 f.
Frequenz-Relevanz-Analyse 160 f.
Führungsverhalten 125

GAP-Modell 146 ff.
GAP-Analyse 146 ff.
Gegenstromverfahren 39 f.
Gemeinkosten 66
Gemeinkostenbereich 77
– Analyse 76, 180
Gemeinkostentreiber 73
Gemeinkostenwertanalyse 73 ff.

Gesamtkosten 73
Gießkannenprinzip 73

Hauptprozesse 71
Herstellkosten 66
House of Quality 104 ff.

Immaterialität 17

Kano Modell 141 ff.
Karrierewege 124
Konkurrenzanalyse 90 ff.
Kostenartenrechnung 70
Kostenbewusstsein 102
Kostensenkungspotenziale 63
Kostenstellenrechnung 70
Kostenträgerkalkulation 71
Kostenträgerrechnung 70
Kostentreiber 75
Kundenanforderungen 105
Kundenbetreuung 163
Kundenbeziehungsmanagement 150
Kundenbindung 133, 141 ff.
Kundenlebenszyklus 151 ff.
Kundenorientierung 155
Kundenperspektive 87
Kundenwertanalyse 150 ff.
Kundenwertorientierung 150
Kundenwertsteigerung 153, 186
Kundenzufriedenheit 128, 132
– Basisfaktoren 141
– Begeisterungsfaktoren 141
– Leistungsfaktoren 141
kurzfristiges Controlling 40

Leistungsfähigkeit,
  menschliche 16

Stichwortverzeichnis

Leistungskompetenz 138
Leistungsphase 162
Lernatmosphäre 121, 182
Liquidität 43, 48 ff.
Liquidität 1. Grades 49
Liquidität 2. Grades 49
Liquidität 3. Grades 50

Market-into-Company-Verfahren 62
Materialeinzelkosten 66
Mitarbeiterbefragung 125
Mitarbeitermotivation 126 ff.
Mitarbeiterorientierung 129, 184
Mitarbeiterzufriedenheit 128 ff.

Nachleistungsphase 163

operatives Controlling 40

Periodengewinn 44
Personalakte 125
Personalbedarfslücken 120, 181
Personalcontrolling 117 ff.
Personalentwicklung 120 ff.
– Bestandsaufnahme 123, 183
Personalentwicklungsplanung 119
Personalinformationssystem 125
Personalplanung 119 ff.
Personalportfolio 119
Personalstammkartei 125
Planungsverfahren, geeignetes 40, 177
Portfoliomethode 119

Potenzialanalyse 98
Potenzialbeurteilung 125
Preiskampf 52
Pre-Salesbereich 30
Pre-Salesphase 162
Produktivität 51
Produktkosten 72
Projektziel 91
Prosumer 18, 96
Prozessanalyse 70
Prozesskoeffizienten 72
Prozesskostenrechnung 66 ff.
– Eignung für 69
Prozesskostensatz 71
Prozessperspektive 87

Qualifikationsprofil 126
Qualität 94 ff.
Qualitätsförderung 99
qualitätskritische Merkmale 114
Qualitätskultur 102
Qualitätsmanagement 96 ff.
Qualitätsmanagement Werkzeuge 97 ff.
Qualitätsmerkmale 106
Qualitätsmessung 135
Qualitätsmindernde Faktoren 146
Qualitätsplanung 99
Qualitätsstrategie 98
Qualitätsziele 98
Qualitätszirkel 99
Quality Function Deployment 103 ff.
– Basisziele 104

Reagibilität 138
Rentabilität 44

Stichwortverzeichnis

Restrisiko 109
Risikoanalyse 108 ff.
Risikobewertung 108

Salesbereich 30
Salesphase 162
SERVQUAL 136 ff.
Six Sigma 111 ff.
Soft Facts 32
Soll-/Ist-Vergleich 137
Standardabweichungen 113
Stärken-Schwächen-Analyse 78 ff.
– Beispiel 80
Stärken-Schwächen-Profil 79 ff.
starres Budget 42
strategisches Controlling 40
Szenario-Technik 119

tangibles Umfeld 138
Target Costing 61 ff.
target costs 62
Teamorientierung 124
Teilprozesse 71
Teilqualität 139
Top-down-Prinzip 38
Total Quality Management 100 ff.

Überschuss 43
Uno-actu-Prinzip 17

Unternehmenskultur 102
Unternehmensstrategie 78

Verbesserungsvorschläge 156
Verbundkäufe 134
Vergleichsanalyse 93
Vergleichsunternehmen 89
Verlässlichkeit 138
Vorgesetztenbefragung 125
Vorleistungsphase 162

weiche Faktoren 29
Wettbewerber 54
Wettbewerbsanalyse 54 ff.
Wettbewerbssituation 53
Wettbewerbsvorteil 51 ff.
Wettbewerbsvorteile
– aufbauen 55
Wiedergutmachung 154
Wiederkäufe 134
Wirtschaftlichkeit 43, 50

Zero Base Budgeting 75 ff.
Zielkosten 62 ff.
Zielkostenmanagement 63 ff.
Zielkostenspaltung 63
Zielkunden 105
Zielsystem 37, 38
Zufriedenheitsskala 131
Zufriedenheitsstufen 131
Zusammenarbeit 125

Checklisten

Auf den folgenden Seiten sind alle Checklisten, die in diesem Praxis-Ratgeber enthalten sind, übersichtlich zusammengestellt. Damit Sie die relevanten Checklisten schnell und mühelos finden können, orientiert sich die Reihenfolge am Aufbau des Buches. Eine zusätzliche Hilfe ist der Einführungstext, der den Zusammenhang erläutert, in dem sie zum Einsatz kommen.

Stellen Sie Ihr Controlling auf den Prüfstand

Ein Controller hat eine Informations-, Planungs- und Steuerungsfunktion und soll die Unternehmensführung durch betriebswirtschaftlichen Service im Sinne einer zielorientierten Planung und Steuerung unterstützen. Damit ist Controlling ein Steuerungssystem, das die Unternehmensspitze entlastet und aufgrund seiner Aktivitäten über alle Teilbereiche des Unternehmens hinweg für eine transparente Entscheidungsfindung sorgt.

Checkliste: Stellen Sie Ihr Controlling auf den Prüfstand!	
	ja/nein
Liefert Ihr Controlling objektivierte Informationen über Kosten und Erträge der angebotenen Dienstleistungen?	
Unterstützt Ihr Controlling die Unternehmensplanung insbesondere auch im Hinblick auf das Dienstleistungsangebot?	
Werden in Ihrem Controlling die Unternehmensziele und -vorgaben formuliert?	
Kontrolliert Ihr Controlling die Zielerreichung und werden durch das Controlling Abweichungen insbesondere auch bei den Kosten und Erträgen für Dienstleistungen aufgedeckt?	

Kennen Sie die Wünsche und Bedürfnisse Ihrer Kunden?

Der Kunde registriert Qualität bewusst oder unbewusst. Deshalb muss eine Übersetzung der nicht physikalisch messbaren Dienstleistungsqualität in die eigene Dienstleistung stattfinden.

Checkliste: Kennen Sie die Anforderungen Ihrer Kunden an Ihr Dienstleistungsangebot?	
	ja/nein
Gibt es im Unternehmen ein optimal abgestimmtes Paket zwischen den Kundenerwartungen und deren Erfüllung?	
Geht die Erfüllung der Dienstleistungen mit einer Begeisterung des Kunden einher?	
Ist sich der Kunde der ihm gebotenen Dienstleistung bewusst und „spürt" er Ihre Dienstleistungsqualität?	

Checklisten

> Werden eine optimale und professionelle Kundenbetreuung und ein optimaler Service angeboten?
>
> Wird ein systematisches, wirkungsvolles Customer Relationship Management eingesetzt?
>
> Wird eine regelmäßige Bewertung der Dienstleistungsqualität durch das Unternehmen, durch Lieferanten und durch die Kunden durchgeführt?

Welches ist das geeignete Planungsverfahren?

Als Planungsmethoden eignen sich das Top-down-Prinzip, das Gegenstromverfahren und das Bottom-up-Prinzip. Jede dieser Methoden hat sowohl Vor- als auch Nachteile, weshalb es nicht zu empfehlen ist, einseitig nur eines dieser Verfahren anzuwenden. In der Praxis hat sich daher für die Planungsaufgaben folgende Kombination der Methoden bewährt:

> **Welches ist das geeignete Planungsverfahren?**
>
> 1. Die langfristige Planung erfolgt nach dem Top-down-Prinzip: Die Unternehmensstrategie auf lange Sicht festzusetzen ist ausschließlich Aufgabe der Geschäftsführung.
> 2. Die mittelfristige Planung erfolgt im Gegenstromverfahren: Sie wird von der Unternehmensleitung und den einzelnen Einheiten gemeinsam in einem Prozess wechselseitigen Planens vorgenommen.
> 3. Die kurzfristige Planung erfolgt nach dem Bottom-up-Prinzip: also in den Planungseinheiten.
> 4. Die Budgetplanung erfolgt für das erste Planjahr ebenfalls als kurzfristige Planung nach dem Bottom-up-Prinzip.

Stellen Sie Ihr Dienstleistungsangebot auf den Prüfstand!

Gelingt es Ihnen, auf lange Sicht Ihr Produkt durch ein im Wettbewerb überlegenes Leistungsmerkmal vom Konkurrenzangebot unterscheidbar zu machen, werden Sie den Grundstein für zukünftig überdurchschnittliche Gewinne legen. Sie sollen Ihren Kunden schließlich nicht aus „reiner Nächstenliebe" heraus in Begeisterung versetzen, sondern letztlich zur Erreichung Ihrer eigenen finanziellen Ziele, d. h. zur Erzielung hoher Überschüsse, zur Sicherung der Liquidität und zur Verbesserung der Wirtschaftlichkeit Ihres Unternehmens.

Da sich Produkte in ihrem Grundnutzen zunehmend ähnlich sind und Kunden eigentlich auch kein „nacktes" Produkt, sondern eine kompetente und umfassende Lösung für ein konkretes Problem wünschen, führt der Weg zum Aufbau von Wettbewerbsvorteilen immer stärker über die Servicepolitik eines Unternehmens. Prüfen Sie anhand der folgenden Checkliste Ihr bestehendes Angebotsprogramm im Hinblick auf Wettbewerbsvorteile gegenüber Ihren wichtigsten Konkurrenten:

Checkliste: Stellen Sie Ihr Dienstleistungsangebot auf den Prüfstand!		
	geprüft?	ja/nein
Welche Dienstleistungen und welchen Service erwarten unsere Kunden?		
Gehen die von uns angebotenen Dienstleistungen über das branchenübliche Niveau hinaus?		
Welchen Service bieten wir kostenfrei an?		
Für welche Dienstleistungen müssen unsere Kunden bezahlen?		
Werden vergleichbare Dienstleistungen von der Konkurrenz kostengünstiger oder umsonst angeboten?		
Sind wir per Gesetz verpflichtet, bestimmte Dienstleistungen anzubieten? Dann bietet diese Dienstleistungen, z. B. eine Garantieleistung, auch die Konkurrenz an und somit „unterscheidet" sich unser Angebot durch diese Dienstleistungen nicht von dem unserer Konkurrenz.		
Werden Produktschulungen durchgeführt?		
Welche Beratungsleistungen führen wir durch?		
Welche Beratungsleistungen führt die Konkurrenz durch?		

Checklisten

Wird der Kundendienst intern oder extern durchgeführt?		
Welche Kosten entstehen durch unsere Dienstleistungen?		
Können wir die Kosten für ausgewählte Dienstleistungen unter Berücksichtigung des Konkurrenzverhaltens senken?		
Können wir bestimmte Dienstleistungen dem Kunden in Rechnung stellen oder auf die eine oder andere Serviceleistung verzichten?		

Ist Ihr Unternehmen für die Prozesskostenrechnung geeignet?

Vor der Einführung der Prozesskostenrechnung ist zu entscheiden, ob sie unternehmensweit oder nur in Teilen des Unternehmens eingeführt werden soll.

Auf Unternehmensebene sind an die Anwendung der Prozesskostenrechnung einige Voraussetzungen geknüpft, deren möglichst weitgehende Erfüllung Sie unbedingt anhand folgender Checkliste zuerst prüfen sollten.

Checkliste: Ist Ihr Unternehmen für die Prozesskostenrechnung geeignet?	
	ja/nein
Laufen in Ihrem Unternehmen hauptsächlich repetitive, gleichförmige Tätigkeiten ab?	
Können Sie in Ihrem Unternehmen einen proportionalen Zusammenhang zwischen den Gemeinkosten und den sie verursachenden Prozessen/Tätigkeiten feststellen?	
Haben Sie eine umfangreiche Analyse der ablaufenden Prozesse und der anfallenden Kosten durchgeführt oder beabsichtigen Sie dies zu tun?	
Machen die Personalkosten einen Großteil Ihrer Gemeinkosten aus?	

Gemeinkostenwertanalyse

Für ein Unternehmen ist es wichtig herauszufinden, ob der Nutzen der erbrachten Dienstleistungen in einem angemessenen Verhältnis zu den Kosten steht. In diesem Zusammenhang sind die folgenden Fragen zu beantworten:

Checkliste: Wo lassen sich Kosten senken?		
	ja/nein	Welche?
Gibt es Aufgaben, zu deren Erfüllung ein geringeres Dienstleistungsniveau ausreicht?		
Lassen sich Arbeitsabläufe/Prozesse schneller, besser oder kostengünstiger erledigen?		
Können Technologien, z. B. Software, dazu beitragen, die Gemeinkosten zu senken?		
Können bestimmte Aufgaben, z. B. die Bestellannahme, andere Unternehmen kostengünstiger und/oder besser erfüllen?		

Zero Based Budgeting

Grundgedanke des Zero Base Budgeting ist, dass die Notwendigkeit sämtlicher Aktivitäten im Gemeinkosten- bzw. produktbegleitenden Dienstleistungsbereich untersucht wird. Bestandteil des Zero Base Budgeting ist die Analyse der Gemeinkostenbereiche.

Checkliste: Analyse der Gemeinkostenbereiche	
	Antwort
Wer braucht die Dienstleistung in welcher Qualität?	
Wie setzt sich die Dienstleistung zusammen?	
Wie lässt sich die Dienstleistung wirtschaftlich realisieren?	
Welche Vor- und Nachteile haben bestimmte Leistungsniveaus?	
Welche Dienstleistung ist besonders wichtig und auf welche Dienstleistung könnte am ehesten verzichtet werden?	

Total Quality Management

Ob Total Quality Management erfolgreich in Ihrem Unternehmen implementiert wurde, können Sie mit der Beantwortung der folgenden Fragen testen.

Checkliste: Wurde Total Quality Management erfolgreich in Ihrem Unternehmen implementiert?	
	ja/nein
Fließt der Qualitätsgedanke von vornherein in das Handeln aller Mitarbeiter mit ein?	
Wird die Qualität nicht erst am Ende der Erstellung der Dienstleistung getestet?	
Trägt jeder Mitarbeiter dafür Verantwortung, dass Qualität geschaffen wird?	

Personalbedarfslücken erfassen

Eine wesentliche Aufgabe des Personalcontrollings liegt darin die Personalplanung mit der Unternehmensplanung zu koordinieren.

Checkliste: Personalbedarfslücken erfassen	
	Antwort
Welches sind die zukünftigen Schlüsselqualifikationen zur Erfüllung einer hohen Dienstleistungsqualität?	
Wie verändert sich der quantitative Bedarf?	
Wie verändern sich die qualitativen Anforderungen?	
Welche Veränderungen sind langfristig zu erwarten, z. B. Austritte, Pensionierungen etc.?	

Besteht in Ihrem Unternehmen eine Lernatmosphäre?

Eine der tragenden Aufgaben der Personalentwicklung ist es, die Entwicklung von Mitarbeitern im Unternehmen zu ermöglichen, zu organisieren, zu strukturieren und für lebenslanges Lernen zu sorgen. Damit Lernen im Unternehmen stattfinden kann, müssen im Unternehmen Voraussetzungen geschaffen werden.

Checkliste: Prüfen Sie die Voraussetzungen einer Lernatmosphäre im Unternehmen	
	ja/nein
Sind Entwicklung und Lernen zur offiziellen Politik im Unternehmen erhoben worden?	
Stellt die Unternehmensleitung neben finanziellen Mitteln auch weitere Ressourcen, z. B. Arbeitszeit, Räume, Material für Personalentwicklung zur Verfügung?	
Sind ungestörte Lernzeiten für die Mitarbeiter vorhanden?	
Ist die Erprobung von Gelerntem möglich?	
Gibt es Zeiten, in den Lern- und Entwicklungsprozesse reflektiert werden?	
Gibt es eine Rückmeldung an die Lernenden seitens der Unternehmensführung?	
Übernehmen Führungskräfte Aufgaben im Lern- und Entwicklungsprozess?	
Stehen vielfältige Lernmethoden zur Auswahl, damit jeder Lerninteressierte die für ihn passende Lernform finden kann?	

Führen Sie eine Bestandsaufnahme durch

Relevant auch von den Kosten her sind vor allem die vielfältigen Personalentwicklungsmaßnahmen, die zur Sicherstellung einer hohen Dienstleistungsqualität im verhaltensbezogenen Bereich organisiert werden. Nur Veränderungen im Praxisfeld entscheiden über den Nutzen vieler Maßnahmen.
Ein Beispiel: Es ist relativ nutzlos ein Moderatorentraining für Gruppenleiter zu veranstalten, wenn die Teamarbeit an sich noch nicht von den Mitarbeitern akzeptiert wurde.
Es wird immer wichtiger für die Personalentwickler ihren Beitrag zur Erreichung der Unternehmensziele und zur zukünftigen Unternehmensentwicklung nachzuweisen.

Checkliste: Bestandsaufnahme Personalentwicklung	
	ja/nein
Ist die Personalentwicklung an den strategischen Unternehmenszielen ausgerichtet?	
Ist die Personalentwicklung darauf ausgerichtet eine hohe Dienstleistungsqualität zu erreichen?	
Wird in der Personalentwicklungsarbeit sichergestellt, dass sie sich in der Qualität nicht an dem Durchschnittsniveau orientiert, sondern Merkmale der Einzigartigkeit aufweist?	
Gibt es ein System zur Überprüfung des Erfolges der durchgeführten Veränderungsmaßnahmen?	
Wird für einzelne Mitarbeiter regelmäßig ermittelt, ob die Notwendigkeit der Weiterentwicklung besteht?	
Gibt es ein System der Mittelerfassung und Mittelverwendung, das sicherstellt, dass die jeweils angestrebten Ergebnisse auf dem kostengünstigsten Weg erzielt werden?	

Förderung der Motivation

Motivierte Mitarbeiter sind ein Schlüssel zum Unternehmenserfolg. Kriterien für eine wirkungsvolle Mitarbeitermotivation können Sie anhand der folgenden Checkliste prüfen:

Checkliste: Kriterien für wirkungsvolle Motivation	
	ja/nein
Sind die Ziele eindeutig formuliert?	
Ist die Belohnung klar formuliert?	
Sind die Ziele mit einem angemessenen Aufwand erreichbar?	
Ist die Belohnung ausreichend?	
Wird die Zielerreichung auch kontrolliert?	
Gibt es ein Feedback nach Teilaufgaben?	

Stellen Sie Ihre Mitarbeiterorientierung auf den Prüfstand

Mitarbeiterzufriedenheit führt zu Kundenzufriedenheit!
Eine hohe Qualität der angebotenen Dienstleistungen kann nur mit Mitarbeitern erreicht werden, die sich für ihre Arbeit engagieren, weil sie gut geführt werden und deshalb auch selbst zufrieden sind. Die Erkenntnis ist eindeutig: Die Bereitschaft von Mitarbeitern sich für andere, nämlich die Kunden einzusetzen, hängt davon ab, inwieweit ihre eigene Arbeits- und Führungssituation so gestaltet ist, dass sie selbst keine großen Defizite verspüren. Denn wer mit sich selbst beschäftigt ist und Probleme hat, ist kaum bereit und in der Lage, sich mit den Anforderungen, Erwartungen und Problemen anderer, nämlich der Kunden, auseinander zu setzen.

Checkliste: Stellen Sie Ihre Mitarbeiterorientierung auf den Prüfstand	
	ja/nein
Haben Sie in Ihrem Unternehmen eine Atmosphäre geschaffen, bei der die Mitarbeiter bereit sind, freiwillig Topleistungen zu erbringen und Spaß an ihrer Arbeit zu haben?	
Haben Sie in Ihrem Unternehmen eine Atmosphäre geschaffen, in der das Angebot einer hohen Dienstleistungsqualität oberstes Ziel ist?	
Haben Sie in Ihrem Unternehmen eine Atmosphäre geschaffen, bei der Arbeiten Zufriedenheit mit sich bringt?	
Haben Sie in Ihrem Unternehmen eine Atmosphäre geschaffen, in der es sich lohnt, Verantwortung zu übernehmen und Ideen und Vorstellungen weiterzugeben?	
Haben Sie in Ihrem Unternehmen eine Atmosphäre geschaffen, in der kreatives und intellektuelles Potenzial freigesetzt wird?	
Haben Sie in Ihrem Unternehmen eine Atmosphäre geschaffen, in der Ängste abgebaut werden?	

Checklisten

GAP-Analyse

„Hält das Unternehmen, was es in der Werbung verspricht?" GAP 4 drückt aus, inwieweit Werbebotschaften und das Unternehmensimage mit der erbrachten Dienstleistung in Einklang stehen. Deshalb sollte dem Kunden ein transparentes und realistisches Leistungsbild dargeboten werden, so dass die Erwartungshaltung der Kunden auch noch übertroffen werden kann. Zur Schließung des GAP 4 hat sich ein Zehn-Punkte-Programm bewährt, das die wesentlichen Dimensionen der Dienstleistungsqualität beschreibt:

Checkliste: Zehn-Punkte-Programm GAP	
	ja/nein
1. Zuverlässigkeit: Liefern Sie die versprochene Dienstleistungsqualität zuverlässig, pünktlich und exakt?	
2. Reaktionsfähigkeit: Werden die Kundenwünsche und -erwartungen schnell und unkompliziert erfüllt?	
3. Kompetenz: Sind bei allen Mitarbeitern die notwendigen Fähigkeiten, Fertigkeiten und das notwendige Wissen vorhanden?	
4. Takt: Wird Ihren Kunden stets freundlich, aufgeschlossen und höflich begegnet?	
5. Vertrauenswürdigkeit: Sind Ihre Angebote ehrlich und glaubwürdig?	
6. Sicherheit: Sind die Risiken Ihrer Kunden beim Kauf minimiert?	
7. Zugang: Können Ihre Kunden einfach mit Ihnen Kontakt aufnehmen?	
8. Kommunikation: Ist die Informationsvermittlung gegenüber Ihren Kunden leicht verständlich?	
9. Kundengespür: Kennen Sie Ihre Kunden persönlich, auch ihre Hobbys und sportlichen Aktivitäten?	
10. Äußere Erscheinung: Ist der Gesamteindruck des Unternehmens positiv?	

Maßnahmen zur Kundenwertsteigerung

Überprüfen Sie anhand der Checkliste, ob es Ihnen gelungen ist den Kundenwert zu steigern.

Checkliste: Maßnahmen zur Kundenwertsteigerung	
Erhöhung der Einzahlungen	ja/nein
Ist es Ihnen gelungen, die abgesetzte Menge an Dienstleistungen zu erhöhen?	
Ist es Ihnen gelungen, einen höheren Preis je Dienstleistungseinheit beim Kunden durchzusetzen?	
Ist es Ihnen gelungen, den Kunden zum Kauf weiterer Dienstleistungen, d. h. Cross-Selling, zu bewegen?	
Ist es Ihnen gelungen, den Kunden zu einem Aufstieg in höherwertige Dienstleistungen, d. h. Up-Selling, zu bewegen?	
Reduzierung der Auszahlungen	ja/nein
Wurden die Geschäftsbeziehungen zu unrentablen Kunden abgebrochen?	
Konnte die Anzahl der Reklamationen reduziert werden?	
Ist es durch eine Bündelung von Dienstleistungsangeboten zu einer besseren Kapazitätsauslastung gekommen?	

Beschwerdestimulierung

Einen Überblick über Möglichkeiten, den Kunden im Bedarfsfall zu einer Beschwerde zu motivieren, gibt die folgende Checkliste:

Checkliste: Beschwerdestimulierung	
	ja/nein
Ist die telefonische Erreichbarkeit ohne lange Warteschleifen sichergestellt?	
Gibt es in irgendeiner Form eine Aufforderung des Kunden zur Beschwerdeführung: „Sagen Sie uns Ihre Meinung ..."?	
Gibt es Beschwerdeformulare, die z. B. der Rechnung beigefügt werden?	

PRAXIS-RATGEBER RECHNUNGSWESEN

Checklisten-Controlling – schnell und einfach!

Dr. Ursula Kück

Schnelleinstieg Controlling

Neuerscheinung 2003
Ca. 200 Seiten,
Broschur mit CD-ROM € 24,90*
*inkl. MwSt, zzgl. Versandpauschale € 1,90
Bestell-Nr. 01405-0001
ISBN 3-448-05348-1

Jedes Kapitel schließt mit einer Checkliste ab. So ist ein Checklisten-Controlling möglich: Welche Schritte kann ich abschließen? Welche Schritte habe ich noch vor mir?

- Kostenstellen, Produkterfolg, Profitcenter-Erfolg, Deckungsbeitragsrechnung, Planung/Budgetierung, Liquidität, Investitionen und Wirtschaftlichkeitsberechnungen, Berichte, Kennzahlen, Organisation

- Jeden einzelnen Bereich erfassen, steuern, Erfolge ermitteln, Kosten verrechnen und verteilen

- Die wichtigsten Controlling-Instrumente, viele praktische Beispiele

- CD-ROM mit Tabellen und Checklisten

Ideal für Einsteiger, aber auch für erfahrene Controller.

Erhältlich in Ihrer Buchhandlung oder direkt beim Verlag:
Haufe Service Center GmbH, Bismarckallee 11-13, 79098 Freiburg
E-Mail: bestellung@haufe.de, Internet: www.haufe.de
Telefon: 0180 / 50 50 440* Fax: 0180 / 50 50 441*
*12 Cent pro Minute (ein Service von dtms)

Haufe Mediengruppe

PRAXIS-RATGEBER RECHNUNGSWESEN

Erfolgreiches Projektcontrolling
Leistung, Termine und Kosten im Griff!

Berta C. Schreckeneder

Projektcontrolling
Projekte überwachen,
steuern und präsentieren

Neuerscheinung 2003
288 Seiten,
Broschur mit CD-ROM € 34,80*
*inkl. MwSt., zzgl. Versandpauschale € 1,90
Bestell-Nr. 01404-0001
ISBN 3-448-05349-X

Mit diesem neuen Buch haben Sie in jeder Phase Ihres Projekts den Überblick über Kosten und Nutzen.

■ Basis-Know-how zu Projektmanagement, Multiprojektmanagement, Controlling und Projektcontrolling

■ Die 4 Projektphasen: Vorprojekt, Projektdefinition, Projektdurchführung, Projektabschluss

■ Informations- und Kommunikationsstrukturen in einem Projekt

■ Teamenergien richtig steuern und Konflikte frühzeitig wahrnehmen

■ Projekte erfolgreich präsentieren Gut moderieren spart Zeit, Geld und Energie

■ CD-ROM mit sofort einsetzbaren Tools für Ihr Projektcontrolling

Ein Buch für Projektleiter, Projektmitarbeiter, Projektcontroller, Geschäftsführer, Abteilungsleiter, Führungskräfte aus Marketing, Vertrieb, Personal, Rechnungswesen und Controlling.

Erhältlich in Ihrer Buchhandlung oder direkt beim Verlag:
Haufe Service Center GmbH, Postfach, 79091 Freiburg
E-Mail: bestellung@haufe.de, Internet: www.haufe.de/bestellung
Telefon: 0180 / 50 50 440* Fax: 0180 / 50 50 441*

*12 Cent pro Minute (ein Service von dtms)